集成箱式房屋设计

北京诚栋国际营地集成房屋股份有限公司　组织编写

牟连宝 等 编 著

中国水利水电出版社
www.waterpub.com.cn

·北京·

内 容 提 要

本书以国内和国际建设工程施工现场广泛使用的集成箱式房屋为对象，从技术角度介绍产品的基本概念、国内外发展现状、结构、围护、电气、给排水、包装与运输、功能设计等方面的相关知识。由于相关设计标准缺乏，本书采用了大量可靠的试验数据，其中结构设计的试验部分是在与高校结构实验室合作采用全尺寸试件进行测试的基础上进行的总结提炼，分析计算部分是利用专业软件进行的建模分析。围护、电气、给排水等是在多年实践的基础上进行理论设计知识概念的介绍，包装与运输按照海运标准要求进行的设计总结，功能设计与应用则以模块化产品的概念介绍设计与应用。本书以实际应用为出发点，对集成箱式房屋的设计与应用进行了系统介绍，在设计标准提炼方面具有一定的研究意义。

本书可供集成箱式房屋设计、施工安装、市场营销等专业的技术人员与管理人员阅读，也可供其他有关人员参考。

图书在版编目（CIP）数据

集成箱式房屋设计 / 牟连宝等编著；北京诚栋国际营地集成房屋股份有限公司组织编写. -- 北京：中国水利水电出版社，2019.11
ISBN 978-7-5170-8266-8

Ⅰ. ①集… Ⅱ. ①牟… ②北… Ⅲ. ①装配式构件—钢结构—建筑设计 Ⅳ. ①TU391.04

中国版本图书馆CIP数据核字（2019）第279552号

书　　名	**集成箱式房屋设计** JICHENG XIANGSHI FANGWU SHEJI
作　　者	北京诚栋国际营地集成房屋股份有限公司　组织编写 牟连宝　等　编著
出版发行	中国水利水电出版社 （北京市海淀区玉渊潭南路 1 号 D 座　100038） 网址：www.waterpub.com.cn E-mail：sales@waterpub.com.cn 电话：(010) 68367658（营销中心）
经　　售	北京科水图书销售中心（零售） 电话：(010) 88383994、63202643、68545874 全国各地新华书店和相关出版物销售网点
排　　版	中国水利水电出版社微机排版中心
印　　刷	天津嘉恒印务有限公司
规　　格	184mm×260mm　16 开本　8.75 印张　213 千字
版　　次	2019 年 11 月第 1 版　2019 年 11 月第 1 次印刷
印　　数	0001—1500 册
定　　价	**128.00 元**

编 委 会

主编 牟连宝

参编 张　坤　王立新　桑　硕　秦华东

　　　　张　君　赵明强

序

　　集成箱式房屋是一种工业化建筑，其设计标准化、定型化，加工制作工厂化，打包运输、现场施工装配化，技术管理信息化；以其轻、快、好、省的特点在国内外得到广泛的应用。

　　轻型集成箱式房屋在我国一些重要和应急工程中得到大量应用，例如1984 年和 1999 年阅兵村、2003 年非典时期小汤山医院、2008 年汶川地震安置房、2008 年奥运会的外围场馆、2009 年阅兵村、2017—2019 年北京城市副中心建设工程以及当前国家雄安新区的建设工程等。随着经济的发展，集成箱式房屋的需求量大大增加。

　　北京诚栋国际营地集成房屋股份有限公司成立 20 多年来经历了创业、发展、二次创业、再发展，一直致力于轻型集成箱式房屋的研究开发和推广应用，其海外工程营地建设模式为业内首创，2015 年与欧洲 Algeco 公司合作，共同研究开发的新一代箱式房，其技术标准和产品质量达到国际先进水平。

　　为了行业可持续健康发展，给用户提供安全可靠、质量优良的集成箱式房屋产品和服务，北京诚栋国际营地集成房屋股份有限公司董事长赵军勇先生联合中国建筑金属结构协会、天津大学主编了《集成打包箱式房屋》（T/CCMSA20108—2019）产品标准。该标准规定了集成打包箱式房屋的定义、分类和标记、材料、要求、检验和试验、检验规则、包装、标志、运输和储存，同时规定了产品的适用范围。

　　本书作者结合 T/CCMSA20108—2019 产品标准规定的内容，在总结公司十多年丰富经验和大量工程实践的基础上，进行了一系列全尺寸结构试验研究和分析计算，组织编写了这本《集成箱式房屋设计》。该书以实际应用为宗旨，对集成箱式房屋的设计、制造和应用进行了系统介绍。该书的出版将促进行业技术水平的进一步提高，为从事集成箱式房屋的设计、施工和市场营销人员提供了一本好的教科书，更是用户学习了解该产品的钥匙。

中国建筑金属结构协会集成房屋分会
专家委员会副主任
弓晓芸
2019 年 10 月北京

前言

　　欧洲及日本早在20世纪六七十年代已经在建筑行业大量应用集成箱式房屋，我国则是自2010年开始在建设工程领域应用，2015年开始大量使用，2016—2018年期间呈爆发式增长。根据市场预计，仅京津冀地区的年需求建筑面积就有约200万 m²，预计未来5年全国需求建筑面积超500万 m²。

　　国内集成箱式房屋行业由起步阶段进入快速发展阶段仅仅用了3年左右的时间。如此迅速的跳跃一方面是建设工程市场的品质升级需要，另一方面则是由于缺乏市场壁垒和技术壁垒，大量进入者的短期投机行为导致大量仿制品的出现。另外由于相关技术标准及市场监管的缺乏，在粗暴扩张、简单复制、工厂批发模式下不可避免地造成安全、质量等方面的隐患。假如这些问题得不到解决，行业将很快陷入劣币驱逐良币的不良竞争状态，而用户也将会没有可靠的产品可用，这对于市场及行业的生态将是严重的破坏。

　　国内行业以安捷诚栋国际集成房屋（北京）有限公司（北京诚栋国际营地集成房屋股份有限公司和目前全球最大的集成箱式房屋企业Algeco在中国的合资公司）等为代表的企业将集成箱式房屋作为工业集成化的产品进行研究开发，结合工程建设施工现场使用需求，采用定制化的冷弯薄壁镀锌框架结构体系，引入Algeco成熟的可拆卸式吊顶技术、电气集中布线技术、橘皮纹彩涂板技术等，树立了行业产品的高品质标杆。

　　工程施工营地主要分为办公型营地、生活型营地或综合型（办公＋住宿）营地。当前集成箱式房屋一般用于项目部办公及管理人员住宿，在隔音、密封等舒适性方面较之前有了大大提高。

　　本书从技术角度介绍集成箱式房屋的结构、围护、电气、给排水、包装与运输、功能应用等方面的相关知识，旨在为建设工程项目经理、采购经理及工程相关技术人员等提供参考。本书作者在轻钢集成房屋领域从事设计开发工作十几年，通过不断的设计开发、试验测试、项目实践等积累了一定的经验，但仍然难免有纰漏之处，敬请各位专家指正。

　　本书在写作过程中得到了行业专家的大力指导，在此一并表示衷心感谢！

作者

2019年6月

目录

第 1 章

概念与发展

1.1 基本定义

集成打包箱式房屋为采用模块化设计、工厂化制作、打包式运输、现场模块化组装的轻钢模块房屋，该类型房屋适用于三层及三层以下的民用建筑，使用年限可达 20 年。房屋样式如图 1-1 所示，打包样式如图 1-2 所示。在本章及后面各章中将"集成打包箱式房屋"简称为"箱式房屋"。

图 1-1　集成打包箱式房屋样式

1

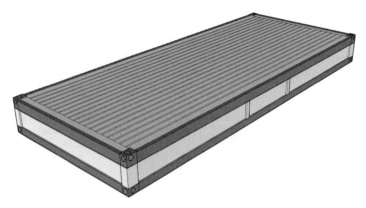

图 1-2　集成打包箱式房屋打包样式

1.2　规格尺寸

箱式房屋作为一种工厂化的产品，其标准化程度较高。根据使用功能、运输、经济性等条件，市场中常用的规格尺寸见表 1-1。

表 1-1　　　　　　　　　　　　　常 用 规 格 尺 寸　　　　　　　　　　　单位：mm

规格代号	外部尺寸			内部尺寸			备 注
	长度	宽度	高度	长度	宽度	高度	
6029 型	6055	2990	2895	≥5800	≥2750	≥2500	加宽
6024 型	6055	2435	2895	≥5800	≥2200	≥2500	标准
5919 型	5990	1930	2895	—	—	≥2500	—

注　1. 6029 型宽度约 3m，比较符合民用建筑常用的开间尺寸，在办公、住宿等建筑的功能使用上比较舒适，并且由于公路运输较为灵活，6029 型较多应用于国内工程，尺寸详情如图 1-3 所示。

2. 6024 型的长度和宽度与 20ft 集装箱规格相同，非常便于海运（关于运输在本书的第 6 章有详细介绍），因此较多应用于国际工程，尺寸详情如图 1-4 所示。

3. 5919 型，作为走廊模块箱一般与 6029 型配套使用。

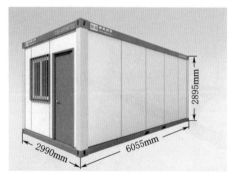

图 1-3　6029 型尺寸图

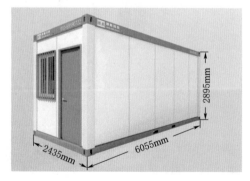

图 1-4　6024 型尺寸图

1.3　房屋组成

箱式房屋由集成化的部品和部件组成，其部品部件关系如图1-5所示，其内部构造如图1-6所示。

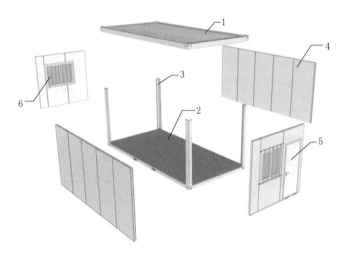

图1-5　箱式房屋部品部件关系图
1—箱顶；2—箱底；3—角柱；4—墙板；5—门；6—窗

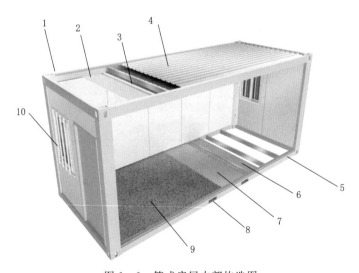

图1-6　箱式房屋内部构造图
1—箱顶结构；2—吊顶板；3—箱顶保温棉；4—屋面板；5—箱底结构；6—箱底保温棉；
7—箱底基板；8—箱底铺面地板；9—叉孔槽；10—防护栏

箱底是由箱底结构、保温棉、地板等集成化的部品组成。箱顶是由箱顶结构、保温棉、屋面板、吊顶板等集成化的部品组成。角柱是箱式房屋的竖向结构件，如图1-5所示。图 1-6 中所标记的"9—叉孔槽"和"10—防护栏"根据设计需要配置。箱体整体结构如图 1-7 所示。

（a）结构一

（b）结构二

图 1-7　箱体结构图

1.4　发展现状

1.4.1　国外发展现状

　　欧美、日本等国家和地区由于战后住房紧缺，自 20 世纪六七十年代就出现了轻钢模块房，当时主要用于临时性过渡住房，其材料和制造技术逐渐完善和成熟。目前欧洲最大的集成箱式房屋企业 Algeco 就有约 30 万个模块箱投入市场。随着市场的饱和，逐步过渡到租赁模式，Algeco 就是其中的代表。国外工程建筑范例如图 1-8 所示。

（a）范例1

（b）范例2

（c）范例3

（d）范例4

图 1-8　国外工程建筑范例

　　箱式房屋开始主要应用于城市建设、资源开采、应急设施等领域，随着城市化进程的完善和经济的发展，逐步拓展到民用建筑和商业建筑领域（国外商业建筑范例如图 1-9 所示），并逐渐成为模块化建筑应用的主要市场。当前欧洲模块化建筑用于工程施工使用

（a）范例1

（b）范例2

（c）范例3

（d）范例4

图 1-9　国外商业建筑范例

的仅占总量的不足 30%，更多的用于住宅、学校、商业等。

1.4.2 国内发展现状

1. 国内市场

目前国内经济正保持着稳定高速发展，虽然这两年建设行业增长有所放缓但整个国内城市基础建设、民用建筑工程和工业建筑工程量庞大，是世界上最大的建筑市场。

2000 年以前国内市场还在大规模使用 K 型房屋，之后开始出现轻钢集成模块房。前期由于社会条件及成本原因市场应用数量较少，直到 2013 年，一批大型集团企业在建筑工程领域率先大批量应用箱式房屋，随后扩展到轨道交通、市政等工程领域，并在 2017 年前后迎来市场的爆发式增长。仅 Algeco 在中国的合资公司 AlgecoChengdong（安捷诚栋）2017 年投入市场约 1 万个模块房，包括销售和租赁。

当前国内轻钢集成模块房即本书所介绍的这种箱式房屋，主要是作为建设工程施工现场临时性用房，如图 1-10 所示。由于其具有较长的使用年限，随着建设工程的周期性要求可以周转使用。箱式房屋在工程建设施工领域的使用量占箱式房屋总量的 80% 左右。

在工程建设领域也出现了一些高品质箱式房屋作为临时性建筑的应用，尤其是在一些重大工程项目如北京城市副中心建设、雄安新区建设等区域，采用了较多的幕墙和落地窗设计，如图 1-11 所示。

（a）范例1

（b）范例2

（c）范例3

（d）范例4

图 1-10（一） 国内工程建筑范例

（e）范例5　　　　　　　　　　　　　　　（f）范例6

图 1-10（二）　国内工程建筑范例

（a）案例1　　　　　　　　　　　　　　　（b）案例2

（c）案例3　　　　　　　　　　　　　　　（d）案例4

（e）案例5　　　　　　　　　　　　　　　（f）案例6

图 1-11（一）　幕墙设计工程案例

（g）案例7　　　　　　　　　　　　　（h）案例8

图 1-11（二）　幕墙设计工程案例

2. 海外市场

自 2000 年以来中国工程企业走出去发展的同时，也把轻钢集成房屋带出了国门，在 2008 年左右，箱式房屋应用于海外工程施工现场。由于打包箱具有安装快捷、对基础要求较低、密封性较好、可移动等特点，其不仅得到中国工程施工企业的大量应用，也得到国际工程承包商的广泛认可，并且国际工程承包商的使用需求相比之下更大。另外在联合国维和部队领域也有一定的应用，如图 1-12 所示。

1.4.3　工业化

工业发展经历了 1.0（机械化）、2.0（电气化）、3.0（自动化），当前正以 4.0（物联信息化）为实现目标。箱式房屋行业自 20 世纪 80 年代起步，经历了几次行业变革，随着行业升级以及几何倍数的规模化增长，箱式房屋的生产制造也已经由当初的劳动密集型传统制造

（a）案例1　　　　　　　　　　　　　（b）案例2

（c）案例3　　　　　　　　　　　　　（d）案例4

图 1-12（一）　海外工程案例

（e）案例5　　　　　　　　　　　　　　　　（f）案例6

图1-12（二）　海外工程案例

业升级为自动化程度较高的建筑节能技术产业。在硬件方面除了现代化的厂房和大量机械化设备，还有更为先进的自动化焊接机械手，制造车间以及相关设备如图1-13所示。

1.4.4　标准及规范

随着工业自动化的快速发展，工业生产能力超过了市场消费能力，箱式房屋行业进入产能过剩时代。目前国家相关技术标准较为缺乏，而企业标准的认可度又比较低，市场监管机制还不完善。另外，由于箱式房屋行业门槛、技术门槛以及生产门槛比较低，大量小型化工厂出现，只管生产不管使用的"工厂批发"大量涌现，劣币驱逐良币的背景下不可避免存在一些安全、质量方面的隐患，同时工程采购方也无法简单有效区分质量的优劣。

（a）车间生产区　　　　　　　　　　　　　（b）车间成品存放区

（c）车间成品存放区　　　　　　　　　　　（d）室外成品存放区

图1-13（一）　现代化工厂展示图

|（e）室外成品存放区|（f）自动机械手焊接|

图 1-13（二）　现代化工厂展示图

相关质量问题如图 1-14 所示。

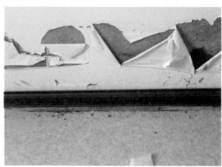

|（a）漆膜脱落1|（b）漆膜脱落2|

|（c）部件返锈|（d）墙板质量差|

|（e）结构设计强度不够1|（f）结构设计强度不够2|

图 1-14　质量安全问题

第 2 章

结构设计

2.1 结构型式

箱式房屋的结构由箱底结构、箱顶结构和角柱组成，如图 2-1 所示。其中箱底结构主要由主梁、次梁、箱底角件构成，如图 2-2（a）所示，箱顶结构主要由主梁、次梁、箱顶角件构成，如图 2-2（b）所示，角柱作为竖向构件连接箱底结构和箱顶结构。角件是箱式房屋的典型特征，分为箱底角件［图 2-2（c）］和箱顶角件［图 2-2（d）］。角件具有支承、吊装和连接的作用。

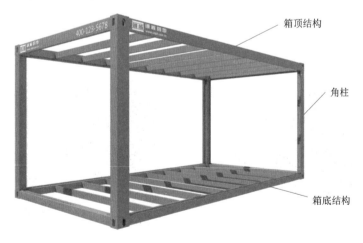

图 2-1 结构框架

按建筑结构类型划分，箱式房屋的结构为钢框架结构。框架结构具有梁、柱构件易于标准化、定型化的优点，便于结构的整体式装配。这是提高预制化率的有利结构性因素，为工厂化制作提供了非常有利的基础。

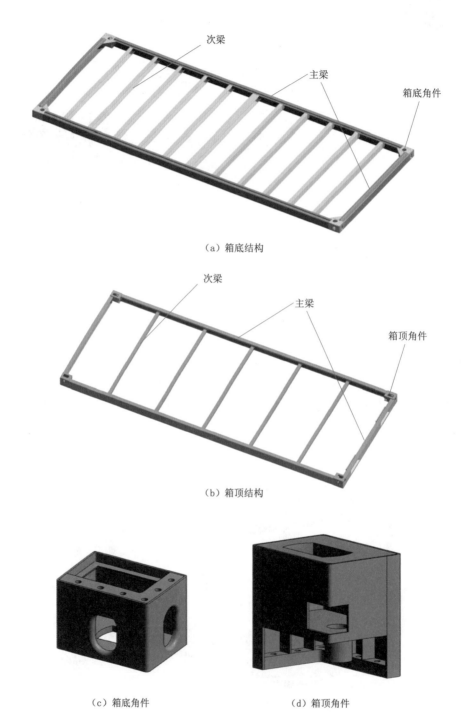

（a）箱底结构

（b）箱顶结构

（c）箱底角件　　　　　　　（d）箱顶角件

图 2-2　结构图

箱式房屋结构自重较轻，一个 6024 型箱式房屋的结构用钢量约 800kg，单位用钢量为 $50\sim55$kg/m²。

2.2 连接节点

2.2.1 箱式房屋模块内的连接

内部结构连接按类型分为焊接连接和螺栓连接。

箱底结构和箱顶结构中的主梁与角件、次梁与主梁的连接均为焊接。其中主梁与角件采用对接焊缝，如图 2-3 所示。其焊缝应采用全熔透满焊，焊脚高度不应小于 $1.5\sqrt{t}$ （t 为较厚焊件的壁厚）；次梁与主梁采用角焊缝，其焊缝的质量等级为三级，如图 2-4 所示。

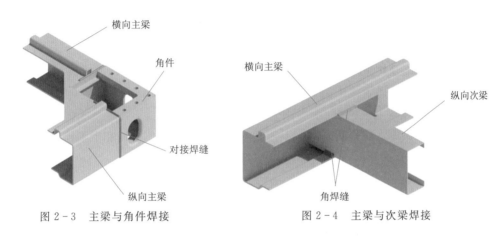

图 2-3 主梁与角件焊接　　　　　图 2-4 主梁与次梁焊接

角柱与箱底结构、角柱与箱顶结构的连接均为螺栓连接，螺栓为 L 形不对称布置，如图 2-5 和图 2-6 所示。另外需要注意根据计算及试验，此处各自连接板的厚度不宜小于 14mm，考虑连接工艺，一般箱底角件和箱顶角件上的螺栓孔作攻丝处理，螺杆一般采用内六角形 8.8 级。

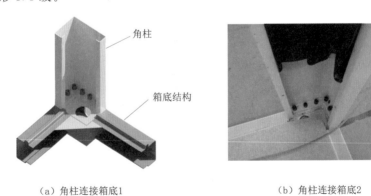

（a）角柱连接箱底1　　　　　　　（b）角柱连接箱底2

图 2-5 角柱与箱底结构连接

2.2.2 箱式房模块间的连接

模块间的连接方式与传统的钢框架不同，它不是简单的梁柱连接，而是由多梁、多柱构成的较为复杂的节点域。多梁多柱的连接均采用插销螺栓连接件，设计中应根据传力路

（a）角柱连接箱顶1

（b）角柱连接箱顶2

图 2-6 角柱与箱顶结构连接

径进行合理的简化，方便结构设计。

模块间的连接是将上、下、左、右模块单元进行有效的连接，连接既要做到安全可靠、传力直接，又要做到施工简单、安装快捷。

1. 模块间上下连接

箱式房屋模块柱之间是断开的、不连续的，通过平动限位卡件和上下连接卡件进行连接，如图 2-7（a）～（d）所示。

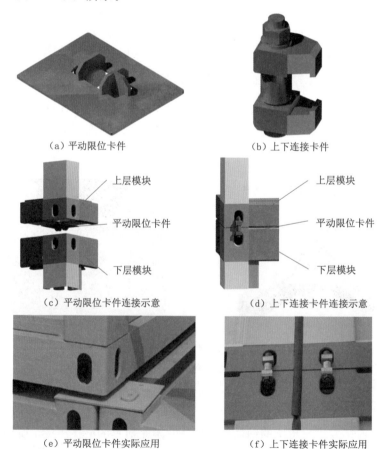

（a）平动限位卡件

（b）上下连接卡件

（c）平动限位卡件连接示意

（d）上下连接卡件连接示意

（e）平动限位卡件实际应用

（f）上下连接卡件实际应用

图 2-7 模块间上下连接

2. 模块间水平连接

通过角件卡件，穿过角件侧面洞口实现左右铰接连接，如图 2-8 所示。

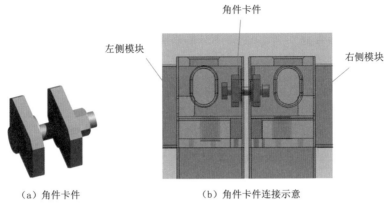

（a）角件卡件　　　　　　　　　　（b）角件卡件连接示意

图 2-8　模块间水平连接

通过模块间梁、柱的相互连接，可以有效提高房屋的整体抗侧刚度。箱式房屋的双层楼板（地面和屋面）是不连续的、分模块的，通过模块间梁的相互连接，间接地将模块楼板相互连接，设计时可近似假定为刚性楼板。

3. 箱式房屋与基础的连接

箱式房屋与基础应有可靠的连接，设计时为实现结构的边界约束，可采用基础连接卡件，如图 2-9（a）、（b）所示。当建筑物是由多个箱式房屋组成时，建筑物两端的箱式房屋与基础的连接如图 2-9（c）所示，建筑物中间的箱式房屋与基础的连接如图 2-9（d）所示。

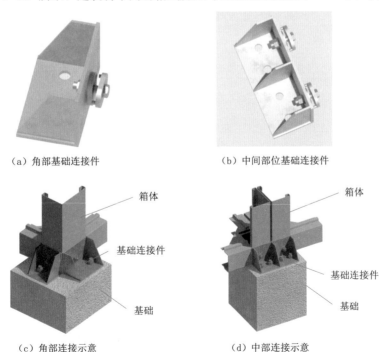

（a）角部基础连接件　　　　　　　　　　（b）中间部位基础连接件

（c）角部连接示意　　　　　　　　　　（d）中部连接示意

图 2-9　模块基础连接

2.3 结构材料

当前行业内集成箱式房屋所用的结构钢材一般是连续热镀锌钢板及钢带冷弯加工而成的型钢，其性能应符合表 2-1 的要求。该类型钢材属于薄壁型钢，由于冷弯工艺存在残余应力必然影响其整体性和局部屈曲的特性，同时结构型材的截面形心与剪心不重合，因此型材的抗扭性能较差，在设计时应注意考虑结构型材的壁厚要求。结合设计计算、结构试验及工程实践列举主要结构构件的常用壁厚，见表 2-2。

表 2-1　　　　　　　　　　　　　结 构 材 料 性 能

力学性能参数	化学成分（不大于）/%	性 能 要 求
抗拉强度 270～500MPa（横向、垂直于轧制方向）	C：0.20 Si：0.35 Mn：1.40 P：0.045 S：0.045	满足断后伸长率不小于 22%；弯心直径纵向为 a，横向为 1.5a；+20℃纵向冲击吸收功不小于 27J

表 2-2　　　　　　　　　　　　　结 构 构 件 常 用 壁 厚

构件类型	断面壁厚/mm	形 状 示 意	备　　注
箱底主梁	≥3.5		单侧开口型几何双轴不对称截面
箱底次梁	≥2.0		
箱底角件	≥4.0（侧板）≥14（连接板）	连接板　侧板	
箱顶主梁	≥3.0		单侧开口型几何双轴不对称截面

构件类型	断面壁厚/mm	形 状 示 意	备 注
箱顶次梁	≥2.0		
箱顶角件	≥4（侧板） ≥14（连接板）	侧板 连接板	
角柱	≥3.0		单侧开口型几何双轴不对称截面

相比普通钢材，以热镀锌钢板及钢带为原材料进行二次冷加工成型的钢材在轻钢集成房屋行业已经普遍应用，主要有以下优点：

（1）热镀锌是一种良好的表面处理工艺，省去了普通钢材表面的除锈工艺，如喷砂、抛丸以及喷漆（底漆、中间漆、面漆）等，根据不同地区耐候要求调整镀锌量即可。

（2）环保。传统的除锈和喷漆在集成箱式房屋的结构制作过程中都会有一定废气、废水的排放，而镀锌钢板或钢带在钢厂已经是镀锌状态，在冷加工成型过程中无污染排放，这对于生产型工厂是很大的环保贡献。

（3）综合经济性好。相比热轧型钢等自重轻、用钢量较少，机械化生产程度较高、加工工艺简单，可以标准化、批量化生产，降低工厂成本。

（4）结构性能好。同样面积的冷弯型钢和热轧型钢相比，回转半径可增大 50% 以上，惯性矩和面积矩可增大 50%～180%，在相同重量的条件下冷弯型钢比热轧型钢承载能力强，整体刚度较大。

镀锌钢卷及成型设备如图 2-10 所示，结构加工制作如图 2-11 所示。

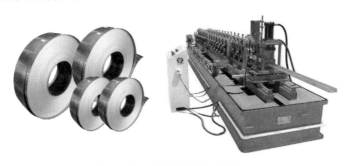

图 2-10　镀锌钢卷及成型设备

（a）箱底焊接1　　　　　　　　　（b）箱底焊接2

（c）箱底框架　　　　　　　　　（d）角柱

（e）加工车间1　　　　　　　　　（f）加工车间2

图 2-11　结构加工制作

2.4　力学性能

2.4.1　单体纵向抗侧刚度

通过测试集成箱式房屋单体纵向抗侧刚度，观测关键部位的受力状态，分析节点处的受力性能以及墙体对刚度的影响，得到箱体单元在极限荷载作用下的破坏模式。

1. 试验加载装置

单箱刚度试验为侧向加载的静力试验。通过实验室的反力墙与千斤顶加载，将整个箱体单元固定在实验室台座上，在箱体单元两个顶部施加水平荷载，试验装置图、加载装置及底部约束如图 2-12 所示。

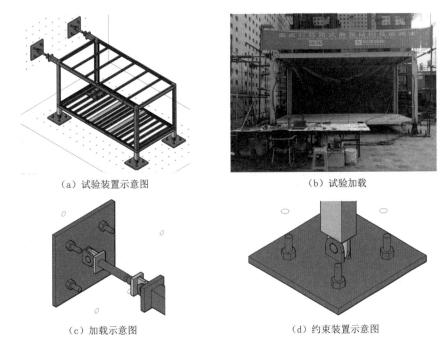

（a）试验装置示意图　　　　　　　　　　　（b）试验加载

（c）加载示意图　　　　　　　　　　　（d）约束装置示意图

图 2-12　试验装置图

试验的加载程序分为预加载和正式加载两个阶段，均采用单向分级加（卸）载制度。

2. 量测内容及测点布置

在进行试验时，根据量测项目，选取了相应的量测仪器和测试方法，如图 2-13 所示。

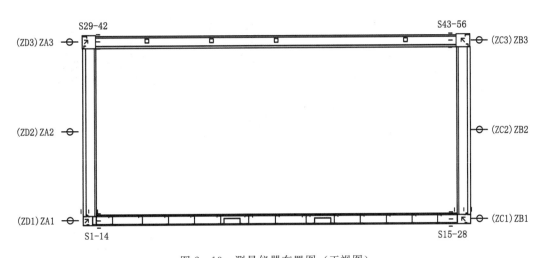

图 2-13　测量仪器布置图（正视图）

3. 试验及分析

第一个试件为不带墙板的纯框架箱体。在加载初期，箱体逐渐发生侧移，弹性阶段的侧移较小，如图 2-14 所示。当水平位移达到 65.5mm，荷载达到 17kN 时，箱体明显进入弹塑性阶段。

（a）整体角柱变形图　　　　　　　　　（b）角柱箱底连接

图 2-14　无墙板弹性阶段试验

随着荷载逐渐加大，箱体侧移达到 175mm，极限承载力为 27.2kN，如图 2-15 所示。

（a）整体变形　　　　　　　　　　　　（b）立柱侧移

（c）柱端屈曲　　　（d）加载端柱与角件连接处有张角　　　（e）底部框架梁鼓曲

图 2-15　无墙板极限承载力试验

　　第二个试件为带墙板的箱体。考虑了实际使用中的各种维护结构。该箱体在弹性阶段的刚度比纯框架有所增大，同样是到 17kN 时，开始进入弹塑性阶段。此时箱体水平位移为 54mm，墙板与主体结构有所脱离，局部有轻微变形，如图 2-16 所示。随着荷载的不断增大，出现如图 2-17 所示现象。

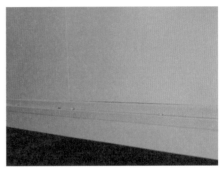

（a）整体现象　　　　　　　　　　　　　　（b）墙板局部现象

图 2-16　有墙板弹性阶段试验

（a）加载端角件处有张角　　　　　　　　　　（b）螺栓受拉

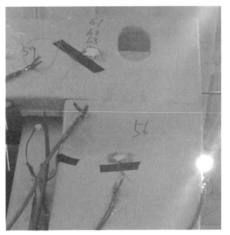

（c）底部框架梁屈曲　　　　　　　　　　　　（d）柱端屈曲

图 2-17　有墙板弹塑性阶段试验

继续加载到 35.8kN，此时箱体侧移为 210.6mm，达到极限承载力。继续加载，荷载下降。卸载后箱体侧移有所恢复，但仍存在较大的残余变形，并且角柱连接螺栓有断裂，如图 2-18 所示。

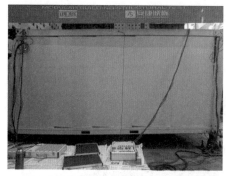

（a）极限状态墙板现象　　　　　　　　（b）连接螺栓断裂

图 2-18　有墙板极限承载力试验

第三个试件为非破坏试验，仅在弹性阶段加载，以得出其弹性阶段的抗侧刚度，并与第一组对比校核，在弹性阶段没有明显破坏现象。

通过对破坏现象的总结，可以得到很明显的破坏规律。首先，箱体在弹性阶段产生的变形较小，没有明显现象，在进入塑性后，局部现象开始出现。加载位置的远端下部和近端上部的柱与角件螺栓连接处，开始出现缝隙，而据加载位置的远端上部和近端下部的连接没有现象，现象出现在远端上部的柱端位置。之后随着变形的增大，底部梁端开始进入屈服。对于没有墙板的纯框架箱体，最终破坏最严重的位置是远端柱顶，发生严重的局部屈曲，柱截面和构件厚度相比箱体其他构件偏小，所以需要加强，期望塑性铰出现在梁端。带墙板的箱体，由于墙板和墙板与柱连接的构造措施，变相提高了柱截面尺寸，使柱有所加强，所以尽管远端柱上部也出现了屈曲，但最终破坏最严重的位置是近端柱与上角件连接的螺栓受拉发生断裂。

三组试验的荷载—位移曲线、承载力与刚度分别如图 2-19、表 2-3 所示。可以看出，带墙板的箱体较纯框架箱体，刚度和承载力有明显提升，墙板起到了一定作用。荷载—位移曲线中，荷载按照两个加载端的平均值，位移同样按照两个加载端位移计读数减去底部位移计读数后的平均值，以此作为箱体整体单侧的受力和变形。

表 2-3　　　　　　　　　　　　　各箱体刚度和极限承载力

试件编号	墙板情况	是否破坏	极限承载力/kN	刚度/(kN/mm)
XT1	无	是	27.3	0.58
XT2	有	是	34.9	0.78
XT3	无	否	—	0.62

试验结论：如图 2-20 所示，将三组曲线放在一起对比，可以发现两组纯框架箱体抗侧刚度基本一致，也验证了结果的可靠性，而带围护墙体的箱体相比纯框架箱体，刚度提高约 30%，极限承载力提高约 28%。

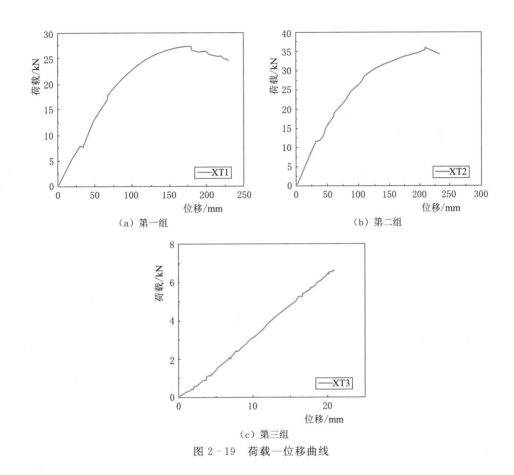

（a）第一组　　　　　　　　　　（b）第二组

（c）第三组

图 2-19　荷载—位移曲线

2.4.2　单体抗震性能

分析双层纯框架箱体，根据试验得到其滞回曲线，判断其抗震能力。

加载时，试验模型屈服前采用力控制，屈服后采用位移控制，每级取屈服位移的整数倍，每级荷载循环 2 次，$\Delta=6\text{mm}$ 进行了 6 级加载。当模型在加载过程中承载力下降到 85% 时停止加载。

加载初期，试件处于弹性状态时，其滞回曲线呈现直线循环的模式，随着加载位移的增大，试件会逐渐出现变形累积，导致卸载过程中变形无法得到明显的恢复，如图 2-21 所示。当水平位移达到 60mm，荷载达到 7.63kN 时，箱体进入弹塑性阶段，荷载—位移曲线的斜率发生变化，此时箱体侧移明显。

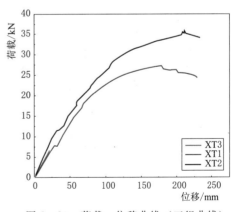

图 2-20　荷载—位移曲线（三组曲线）

在 5Δ 时，局部发生明显现象，5Δ 第一次循环拉箱体时，下层箱体近墙端顶梁产生鼓曲，与此同时下层箱体近墙侧柱端产生鼓曲，如图 2-22 所示。5Δ 第二次循环推箱体时，

图 2-21 弹性阶段试验

出现了挤压楼板的声响，梁端焊缝处撕裂更加严重，柱端鼓曲变平，如图 2-23 所示。

在 6Δ 时，局部现象更加明显，两端裂缝开展更加严重，柱端鼓曲，同时地面梁也产生了鼓曲，如图 2-24 所示，同时承载力卸载到 85% 以下，结束试验。

试验结论：如图 2-25 所示，其承载力与刚度在峰值荷载后没有急剧的退化现象，滞回环较为饱满，其塑性变形能力和耗能能力优越，抗震性能较好。

（a）加载端柱端鼓曲

（b）加载端梁端鼓曲

图 2-22 5Δ 第一次循环试验

（a）加载端角梁裂缝

（b）加载远端柱端鼓曲

图 2-23 5Δ 第二次循环试验

（a）加载端角梁裂缝扩展

（b）加载远端柱端鼓曲明显

（c）加载远端地面梁鼓曲

图 2-24 6Δ 第一次循环试验

2.4.3 单体抗弯性能

1：箱底抗弯

通过试验测试箱底的挠度，其位移计测点布置为：支座处（4 个），每根梁跨中间处（4 个），楼板心形处（1 个）。主要观察每跨梁中心挠度值及板中挠度值，观察楼板的变

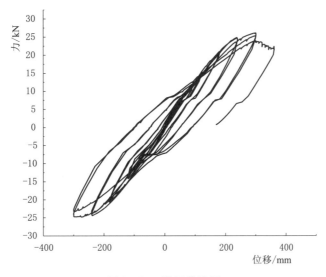

图 2-25　滞回曲线图

形能力及其挠度值是否满足规范要求。加载制度：以堆砝码的形式模拟均布荷载，每块砝码约为20kg，分成三级加载。第一级0.8kN/m²，第二级1.4kN/m²，第三级2.0kN/m²，如图2-26所示。分别记录箱底各梁的挠度值，如表2-4和图2-27所示。

图 2-26　第三级加载试验

表 2-4	箱 底 挠 度 试 验		单位：mm
荷载级数	短跨梁挠度	长跨梁挠度	板中心挠度
第一级荷载	0.30	6.30	7.70
第二级荷载	0.50	10.90	13.20
第三级荷载	0.70	16.40	19.10

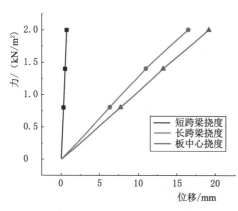

图 2-27　箱底荷载—挠度曲线图

试验结论：两组试验构件在加载过程中均未发生破坏，并且挠度值要求 $w \leqslant l/300 = 6055/300 = 20.18\text{mm}$（$l$ 表示底梁长度，$l = 6055\text{mm}$）。板中心挠度最大为 19.1mm，长跨梁挠度最大为 16.4mm，短跨梁挠度最大为 0.70mm。

2. 箱顶抗弯

通过试验测试箱顶的挠度，其位移计测点布置为：柱端（4 个），每根梁跨中间处（4 个），楼板形心处（1 个）。主要观察每跨梁中心挠度值及板中心挠度值，观察楼板的变形能力及其挠度值是否满足规范要求。加载制度：以堆砝码的形式模拟均布荷载，每块砝码约为 20kg，分成三级加载。第一级 0.2kN/m^2，第二级 0.4kN/m^2，第三级 0.5kN/m^2。分别记录箱顶各梁的挠度值，如表 2-5 和图 2-28 所示。

表 2-5　　　　箱顶挠度试验　　　　单位：mm

荷载级数	短跨梁挠度	长跨梁挠度	板中心挠度
第一级荷载	0.30	1.20	5.30
第二级荷载	0.50	2.90	8.70
第三级荷载	0.60	4.00	13.10

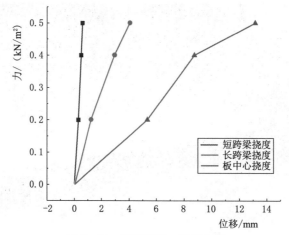

图 2-28　箱顶荷载—挠度曲线

试验结论：两组试验构件在加载过程中均未发生破坏，并且挠度值要求 $w \leqslant l/400 = 6055/400 = 15.14\text{mm}$（$l$ 表示底梁长度，$l = 6055\text{mm}$）。板中心挠度最大为 13.1mm，长跨梁挠度最大为 4mm，短跨梁挠度最大为 0.60mm。

2.5　结构计算

基于 2.4 节的性能试验，运用 Midas Gen 有限元软件建立模型并模拟分析。

2.5.1 截面特性及箱体模型

角柱截面特性如图 2-29 所示。

底梁截面特性如图 2-30 所示。

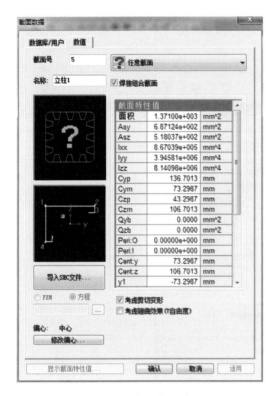

图 2-29 角柱截面特性

图 2-30 底梁截面特性

顶梁截面特性如图 2-31 所示。

用 MIDAS/Gen 创建箱体模型如图 2-32 所示。

2.5.2 单体纵向抗侧刚度分析

在图 2-33 中的节点 1 和节点 3 处分别添加 X 方向点荷载 2kN、4kN、6kN、8kN、10kN、12kN、14kN、16kN，分析 X 向位移情况，如表 2-6 和图 2-33 所示。

表 2-6　　　　　　　　　　　荷 载 — 位 移 表

序　号	荷　载	位　移
1	2kN	6.4mm
2	4kN	12.7mm
3	6kN	19.1mm
4	8kN	25.5mm
5	10kN	31.9mm

续表

序　号	荷　载	位　移
6	12kN	38.2mm
7	14kN	44.6mm
8	16kN	51.0mm

图 2-31　顶梁截面特性

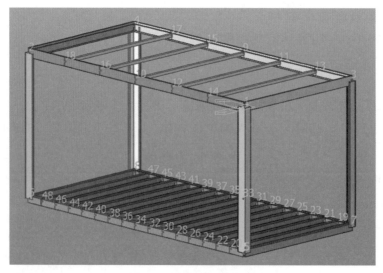

图 2-32　结构框架模型

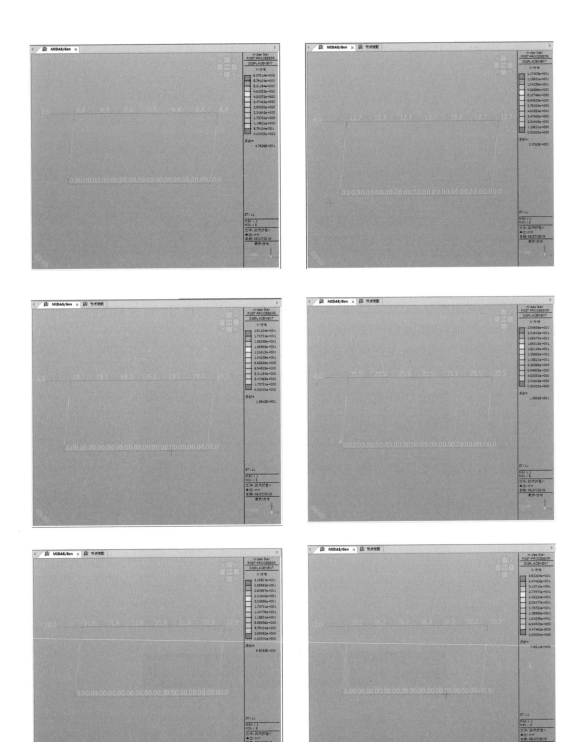

图 2-33（一）　各级荷载—位移图

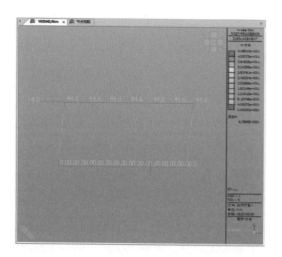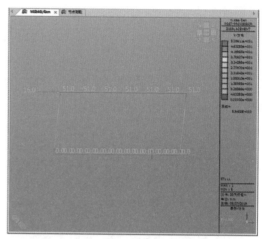

图 2-33（二）　各级荷载—位移图

箱式房屋纵向刚度 $k=2P/\Delta$，其中，P 为一个点的 X 向推力，Δ 为箱顶的平均位移值。由表 2-6 可以计算出 $k=0.627$kN/mm。

在 X 向推力 $P=16$kN 时的应力分布如图 2-34 所示。

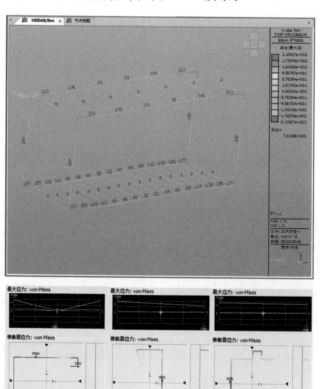

图 2-34　应力分布图

分析图 2-34，最大应力分布在梁柱的两端，因此梁柱两端会有局部屈曲失稳，与上述的单体纵向刚度试验结果相符。

2.5.3　单体抗弯性能分析

箱体活荷载为箱底 2.0kN/m²、箱顶 0.52.0kN/m²，恒荷载见表 2-7。

表 2-7　　　　　　　　　　　　　　　　　　恒　荷　载

参　　数	数　　值
箱顶：	
YX28-150-750 压型钢板，厚度 0.5mm	（78.50kN/m³×0.5mm/1000）/0.75=0.052kN/m²
100mm 玻璃丝棉保温，容重 0.2kN/m³	0.2kN/m³×0.1m=0.02kN/m²
彩钢板吊顶	0.07kN/m²
合计	0.15kN/m²
箱底：	
20mm 水泥刨花板，容重 13kN/m³	13kN/m³×20mm/1000=0.26kN/m²
2mm 橡塑地板	0.10kN/m²
合计	0.36kN/m²

用 MIDAS/Gen 软件建立箱体模型，添加荷载计算分析，结果如图 2-35 所示。

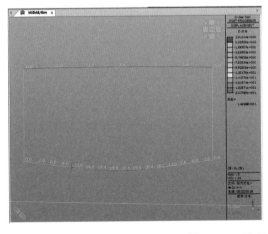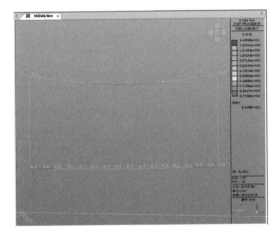

图 2-35　箱底、箱顶挠度分析图

箱顶在抗弯试验中，荷载加到 0.5kN/m² 时最大挠度为 4mm，软件计算最大挠度为 5.8mm，相差 45%。从试验和软件分析对比来看，屋面导轨在实际抗弯性能上起到很大的有利作用。

箱底在抗弯试验中，荷载加到 2.0kN/m² 时最大挠度为 19.1mm，软件计算最大挠度为 20.4mm，相差 6.8%。试验与软件分析基本吻合。

2.5.4 联栋整体性能分析

采用 MIDAS/Gen 建立模型，整体模型如图 2-36 所示。

图 2-36 结构框架联栋模型

结构设计参数如下：

（1）恒荷载（DL）。屋面：0.15kN/m²；地面：0.36kN/m²。

（2）活荷载（LL）。屋面：0.5kN/m²；地面：2.0kN/m²。

（3）风荷载（W）。场地土：B 类，0.3kN/m²。

（4）地震作用（E）。抗震设防烈度：8 度；基本地震加速度：0.2g；设计地震分组：2；场地土类别：Ⅱ；设计特征周期：0.4s。

由于上、下箱体间采用螺栓通过角件连接，因此简化为铰接连接。左、右箱体间通过框架铰接连接。箱体与基础为铰接连接。调整模型中构件的连接形式和边界条件，按照上面设计参数为模型添加荷载，进行设计分析。

模块房屋与传统框架房屋存在一定的关系，等效框架模型中弯矩 M 与模块模型中的 F_1、F_2、d 存在一定的关系，如图 2-37 所示。因此可以用框架结构的相关规范对箱式房屋设计进行审核。虽然箱式房屋的地面结构和屋面结构不连续，单独设计时可近似采用刚性楼板假定。

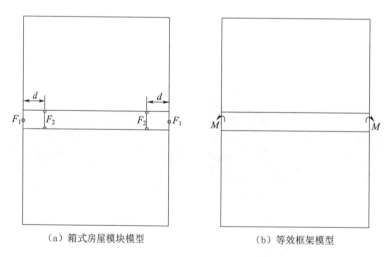

（a）箱式房屋模块模型　　　　　　　　（b）等效框架模型

图 2-37 等效框架示意图

1. 周期与振型

结构前三阶振型如图 2-38 所示。

第一阶振型为 Y 向平动，对应周期为 0.7315s；第二阶振型为 X 向平动，对应周期为

图 2-38 前三阶振型图

0.6767s；第三阶振型为扭转，对应周期为 0.6026s；且周期比（扭转周期/平动周期）为 0.8238，满足规范要求。从特征值分析可以看出，结构 X 向刚度大于 Y 向刚度，且刚度相差不大。若叠箱组合无限增大拼接长度，会造成两个主轴方向刚度相差巨大，造成第二阶振型为扭转。因此箱式房屋叠箱组合不能无限地沿宽度方向联栋。

X 向有效参与质量系数为 99.8945%，Y 向有效参与质量系数为 99.5697%，满足规范要求。

2. 顶点位移

X 向风荷载（WX），Y 向风荷载（WY），X 向地震作用（EX），Y 向地震作用（EY）四种工况下的顶点位移分别为 6.47mm，15.82mm，17.25mm，19.45mm，如图 2-39 所示。从顶点位移可以判断结构 Y 向刚度较弱，单体箱式房屋自身 X 向刚度较弱。但由于 X 向联栋，使得 X 向刚度整体增加，从周期和振型特征值分析中也可以得出同样的结论，风荷载作用下，$\Delta/H=1/508$，满足《钢结构设计标准》（GB 50017—2017）。

3. 层间位移角与扭转位移比

风荷载和地震作用下的层间位移角如图 2-40 所示，X 向风荷载作用下的最大层间位移角为 1/740，Y 向风荷载作用下的最大层间位移角为 1/327。X 向地震作用下最大层间位移角为 1/284，Y 向地震作用下最大层间位移角为 1/272。所有层间位移角最大值均出现在底层。按 GB 50017—2017 风荷载作用下层间位移角限值为 1/250，可以看出结构的抗侧刚度满足现行国家规范要求。

结构在风荷载和地震作用下扭转位移比均为 1.0，说明结构的质心和刚心重合，结构抗侧构件布置合理、规则。

4. 主要构件应力

由于箱式房屋的主要结构构件均为异形冷弯薄壁截面，其受力性能复杂，在《冷弯薄壁型钢结构技术规范》（GB 50018—2002）5.5.6 条给出了双轴对称截面双向压弯构件的稳定性计算公式。但箱式房屋模块柱的截面为双轴不对称截面，无法按照 5.5.6 条计算分析模块柱的整体稳定性，未对此类双轴均不对称截面的稳定性设计提供计算依据，因此仅查看主要构件的应力状态。

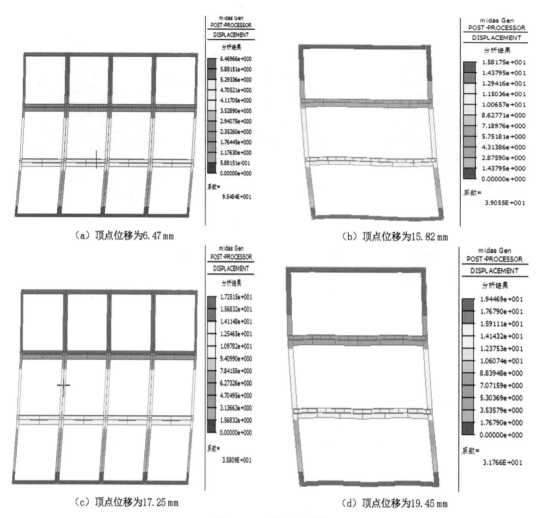

（a）顶点位移为6.47 mm　　　　　　　（b）顶点位移为15.82 mm

（c）顶点位移为17.25 mm　　　　　　　（d）顶点位移为19.45 mm

图 2-39　顶点位移图

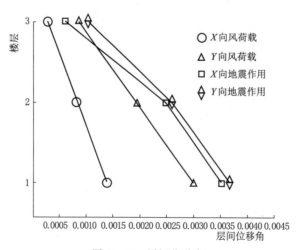

图 2-40　层间位移角

结构在包络荷载下的最大应力如图 2-41 所示，最大组合应力出现在一层屋面梁 182 号单元，最大应力为 184.3MPa；一层地面梁 112 号梁单元应力为 158.5MPa；一层立柱 159 号梁单元应力为 140.0MPa。

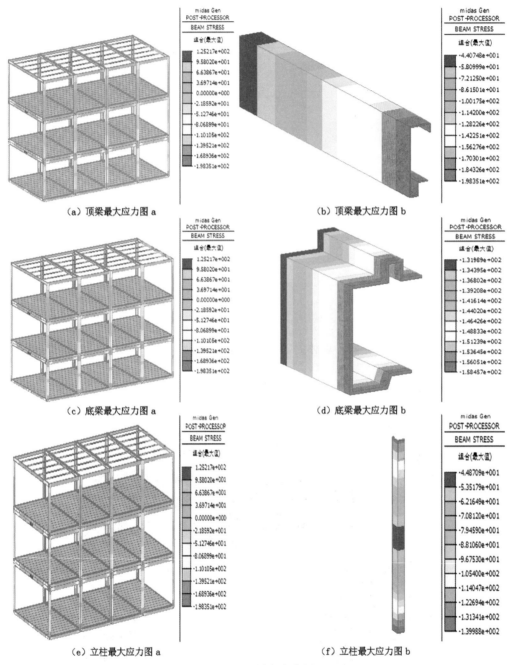

（a）顶梁最大应力图 a

（b）顶梁最大应力图 b

（c）底梁最大应力图 a

（d）底梁最大应力图 b

（e）立柱最大应力图 a

（f）立柱最大应力图 b

图 2-41 最大应力图

通过 MIDAS/Gen 软件对多组结构框架组合进行有限元分析，可以说明结构框架在抗震性能、抗风性能均有较好的表现，为结构设计与计算提供了一定的理论参考。

第 **3** 章

围护设计

3.1 基本构造

3.1.1 围护构成

箱式房屋的围护主要由箱底、箱顶、墙体三大部分组成,围护构成如图 3 - 1 所示。箱底、箱顶在工厂内制作完成,墙体是若干块标准模数的墙板拼装而成,门窗镶嵌在墙板上,在工厂内预制完成。

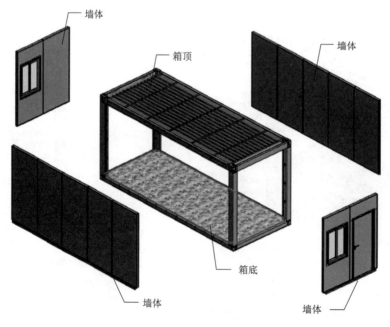

图 3 - 1 围护构成

3.1.2 箱底构造

箱底是由铺面地板、基板、保温材料、封底板及框架结构组合而成，如图3-2所示，在结构完成的基础上进行保温、装饰等的制作。

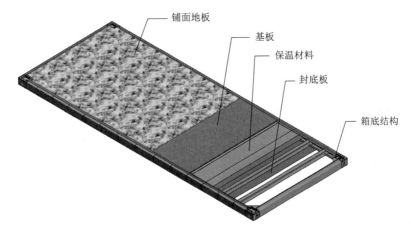

图3-2 箱底构造

箱底在设计时应注意以下几点：

（1）封底板位于最底层，起到支撑保温材料和密封隔离的作用，可以隔离潮气、风沙，因此应选择防潮、防腐的材料，如彩涂板。

（2）保温材料填充在结构的构架中，且应填充饱满。

（3）考虑耐火及承重要求，基板应选用水泥基类板材，平整度不大于0.5mm且厚度不宜小于18mm，基板的固定间距宜控制在400mm左右，基板的边缘及拼缝应设置在主梁和纵向次梁上，且搭接宽度不宜小于20mm。

（4）铺面地板采用带饰面柔性卷材时，地板2m以内平整度应不超过3mm。

箱底的制作工艺流程为：箱底结构—封底板—保温棉—基板—铺面板。施工要点是保温棉填充饱满，控制基板安装平整度，铺面板胶黏剂均匀涂满、铺面板循环滚压、杜绝气泡，箱底的制作工艺如图3-3所示。

3.1.3 箱顶构造

箱顶是由屋面蒙皮、保温材料、吊顶及框架结构组合而成，在结构完成的基础上进行保温、吊顶、屋面蒙皮等的制作。从屋面形式和做法上可以分为瓦型箱顶、咬合型箱顶、集装箱顶三种类型。

1. 瓦型箱顶

瓦型箱顶的主要特征是屋面为瓦楞形式的彩钢压型瓦，如图3-4和图3-5所示。瓦型箱顶是箱式房屋常用做法之一，全球最大的模块房屋企业Algeco的租赁型产品采用的就是这种做法。

（a）封底板

（b）保温棉

（c）基板

（d）铺面板

图 3-3　主要制作工艺

图 3-4　瓦型箱顶屋面示意图

图 3-5　瓦型箱顶屋面实物图

瓦型箱顶的构造如图 3-6 所示。

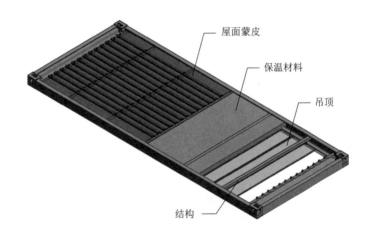

图 3-6　瓦型箱顶构造

瓦型箱顶在设计中应注意以下几点：

（1）屋面板应具有一定的承载能力，由于瓦型屋面板自身强度较好，其固定间距宜控制在 1000mm 左右。根据设计，在试验瓦型箱顶在满足 $1kN/m^2$ 活荷载作用下挠度容许值不应超过 $L/400$（L 为主梁跨度）的情况下瓦型屋面板不能出现影响正常使用的变形。

（2）保温材料填充在结构的构架中，且应填充饱满。

（3）考虑耐火要求，吊顶板应选用 A 级不燃材料或 B1 级阻燃材料。

箱顶的制作工艺流程为：箱顶结构—吊顶板—保温棉—电气（在第 4 章介绍）—屋面板。主要施工要点是保温棉填充饱满、屋面板固定牢固、屋面防水处理。箱顶的制作工艺如图 3-7 所示。

瓦型箱顶屋面板使用自攻螺丝与箱顶结构固定，同时采用橡胶密封圈以起到密封的作用，如图 3-8 所示。瓦楞箱顶具有良好的承载能力，可满足正常施工荷载要求，根据需要还可放置一定的设备，如图 3-9 所示。

（a）吊顶板

（b）保温棉

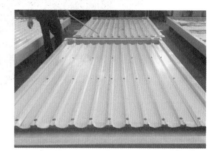

（c）屋面板

图 3-7 瓦型箱顶制作工艺

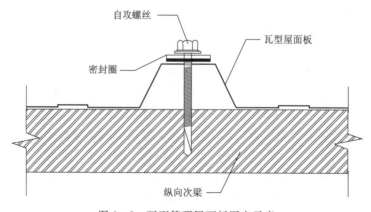

图 3-8 瓦型箱顶屋面板固定示意

（a）屋面施工

（b）放置设备

图 3-9　瓦型箱顶的承载

在设计吊顶板时应结合实际使用情况，在一定使用时间内是否需要考虑箱顶设备如电气检修、材料更换等，此情况下可将吊顶板设计为可拆卸式搭接，如图 3-10 所示。

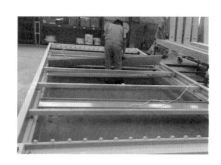

图 3-10　可拆卸吊顶

另外，基于屋面施工的安全考虑，瓦型箱顶还可以设置安全环，一般一个箱式房屋的箱顶设置两个安全环，如图 3-11 所示。

2. 咬合型箱顶

咬合型箱顶采用纯平彩钢单板，如图 3-12 所示。根据箱顶宽度由 2~3 块彩钢单板拼接而成。该类型屋面采用无钉式工艺制作，拼接处采用锁缝咬合处理，如图 3-13（a）所示；屋面单板四周进行压边处理，如图 3-13（b）所示。

该类型屋面构造设计的特点是屋面四周设置有小型的集水槽。该集水槽是箱顶结构主梁的一部分，如图 3-14 所示。为避免屋面积水，在设计时屋面标高应大于结构标高约 20mm，

图 3-11 瓦型箱顶的安全环

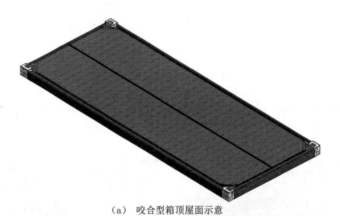

（a） 咬合型箱顶屋面示意

（b） 咬合型屋顶实物

图 3-12 咬合型箱顶屋面

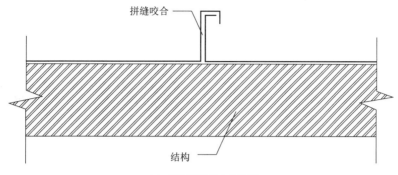

（a）屋面板锁缝咬合处理

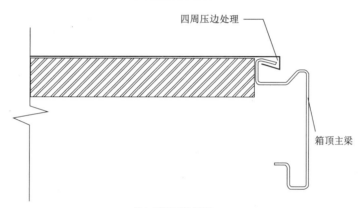

（b）四周压边处理

图 3-13 咬合型屋面板处理

当集水槽内积水高度超过结构标高时可溢流而出，确保屋顶内部不会进水，有利于保护箱顶。除屋面板外咬合型箱顶的构造做法与瓦型箱顶相同。

3. 集装箱顶

集装箱顶采用与货运集装箱屋面相同的工艺，屋面板是由若干张厚度不小于 2mm 的压型钢板焊接拼接，然后与箱顶结构进行焊接连接。该类型屋面具有很强的承载能力，同时整体焊接工艺使得屋面的水密性良好，如图 3-15、图 3-16 所示。

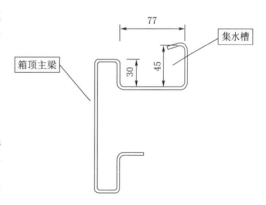

图 3-14 咬合型箱顶屋面集水槽（单位：mm）

设计和使用时需要注意的是，瓦型箱顶、咬合型箱顶和集装箱顶在屋面排水方面有较大的区别。

瓦型箱顶和咬合型箱顶屋面的排水方式均为集中式内排水，如图 3-17 所示。一个箱式房屋模块设置 4 根 De50 的内置 PVC 落水管，可满足屋面汇水量的设计要求。而集装箱顶的屋面排水方式为单坡式外排水，如图 3-18 所示。在排水一侧需要设计外置式的集水槽和落水管，如图 3 - 19 所示。集中式排水可以使箱式房屋能够沿 X、Y、Z 三个维度自由排列组合，布局较为灵活，如图 3 - 20 所示；而单坡外排水式的箱式模块拼接不够灵活，无法做到 Y 轴的多组排列组合，如图 3 - 21 所示。

图 3 - 15　集装箱顶示意图

图 3 - 16　集装箱顶实物图

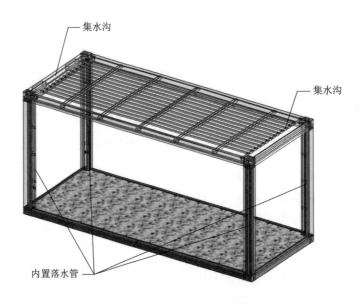

图 3 - 17　集中式内排水方式

　　集中式内排水的箱式房屋在排列组合、外立面效果、设计标准化如门厅、门斗、雨棚等方面可以实现标准化，而单坡外排水在设计和使用时需要结合实际情况进行设计与制作。

3.1.4　墙体构造

　　箱式房屋一般采用预制板材作为墙板，如图 3 - 22（a）所示，当前行业内使用较多的是金属夹芯板，该类型墙板双面为彩涂板，中间芯层为绝热材料，考虑耐火要求，设计时夹芯材料应选用玻璃棉或岩棉，如图 3 - 22（b）所示。

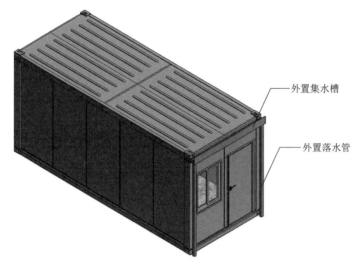

图 3-18　单坡式外排水示意图

图 3-19　集中排水式落水管

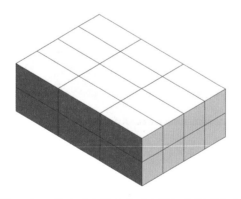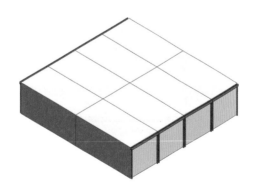

图 3-20　集中式内排水箱式房屋组合排列方式　图 3-21　外排水式箱式房屋组合排列方式

　　墙板在设计时应考虑标准化设计，采用一定标准的模数。以 6024 型箱式房屋为例，其墙体由 14 块墙板组成，其中 1# 墙板 9 块、2# 墙板 2 块、3# 墙板 1 块、4# 墙板 1 块，如图 3-23 所示。3# 和 4# 为门窗专用墙板、2# 墙板用于端组、1# 墙板为通用型可互换。宽度一般为 1000～1150mm，厚度一般采用 50mm、75mm、100mm 三种常用规格。

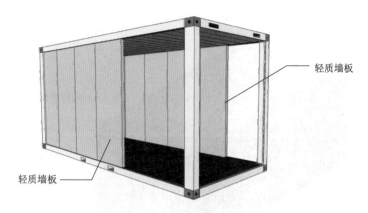

（a）轻质墙板

（b）金属夹芯板

图 3-22　围护墙板

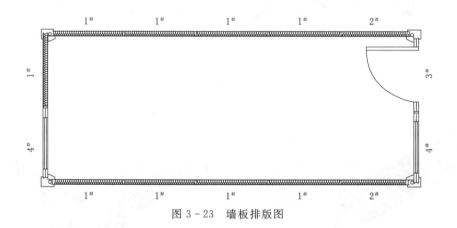

图 3-23　墙板排版图

1. 墙板的固定设计

墙板落在箱底结构上，外部采用固定件卡紧，如图 3-24 所示。墙板与箱顶的连接形式为卡槽固定，如图 3-25 所示。在设计时应注意一般卡槽宽度比墙板厚度大 3mm 为宜。

2. 墙板的技术规格设计

墙板的设计应考虑板材的规格、密度、表面纹理及板型样式等方面，墙板常用厚度有 50mm、75mm、100mm，设计时根据项目所在地的气候条件与围护强度要求确定。一般

图 3-24 墙板与箱底固定

图 3-25 墙板与箱顶固定

常用技术参数见表 3-1、表 3-2。其中，带钢衬板型外表面、内表面和板型如图 3-26~图 3-28 所示，无钢衬板型外表面、内表面和板型如图 3-29~图 3-31 所示。

表 3-1   带钢衬板型技术参数

类别	项目	标准要求
	材料	彩涂板
外表面	厚度	不低于 0.4mm
	颜色	白色
	样式	压筋
	材料	彩涂板
内表面	厚度	不低于 0.4mm
	颜色	白色
	样式	平板
板型	连接类型	子母口插接

图 3-26 带钢衬板型外表面

图 3-27 带钢衬板型内表面

（a）板材母口 （b）板材子口（单位：mm）

（c）板型图片

图 3-28 带钢衬板型

表 3-2 无钢衬板型技术参数

类别	项目	标准要求
外表面	材料	彩涂板
	厚度	不低于 0.4mm
	颜色	白色
	样式	橘皮纹
内表面	材料	彩涂板
	厚度	不低于 0.4mm
	颜色	白色
	样式	平板
板型	连接类型	子母口插接

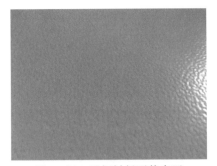

图 3-29　无钢衬板型外表面

图 3-30　无钢衬板型内表面

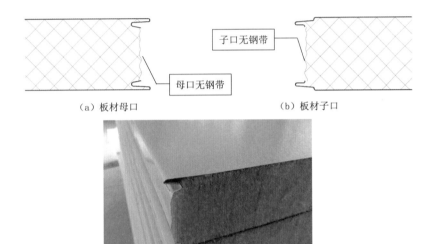

（a）板材母口　　　　　　　　　　（b）板材子口

子口无钢带

母口无钢带

（c）板型图片

图 3-31　无钢衬板型

根据不同功能设计需要，落地窗等也可作为围护使用，如图 3-32 所示。

（a）落地窗1

（b）落地窗2

图 3-32（一）　落地窗

（c）落地窗3　　　　　　　　　　　　　　　（d）落地窗4

图 3-32（二）　落地窗

3.2　常用材料

3.2.1　箱顶材料

1. 屋面蒙皮

采用镀铝锌基板的彩涂板，厚度不小于 0.4mm，表面一般为聚酯涂层，根据环境腐蚀程度的不同可选高耐久性涂层等，涂层厚度根据使用环境和年限可调整，如图 3-33（a）所示。

2. 保温材料

一般采用 100mm 厚单面带铝箔玻璃丝棉卷毡，容重为 $14\sim16kg/m^3$、导热系数不大于 $0.045W/(m\cdot K)$、甲醛释放量 $<0.01mg/m^3$，燃烧等级为 A 级，如图 3-33（b）所示。

3. 吊顶板

考虑耐火、防潮要求，可使用彩涂板轧制成型，厚度不小于 0.4mm，如图 3-33（c）所示。

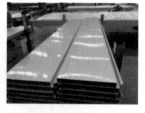

（a）屋面蒙皮　　　　　　　　　　（b）保温材料　　　　　　　　　　（c）吊顶板

图 3-33　箱顶材料

3.2.2　箱底材料

1. 铺面地板

橡塑地板一般厚度为 $1.5\sim2.0mm$，耐磨转数 $\geqslant5000$ 转（一般公共场所可使用 5 年，无明显褪色老化），环保等级为 E1 级，如图 3-34（a）所示。

2. 基板

水泥刨花板或水泥纤维板，如图 3-34（b）所示。密度≥1200kg/m³，一般厚度不小于 18mm，环保等级为 E1 级，防火等级为 A 级，静曲强度≥9MPa，厚度偏差为 ±0.5mm，粘贴铺面地板的表面需砂光处理。需要注意的是基板应能承受一定的冲击载荷，避免出现如图 3-35 所示的问题。

3. 保温材料

一般采用 100mm 厚单面带铝箔玻璃丝棉卷毡，容重为 14～16kg/m³、导热系数不大于 0.045W/（m·K）、甲醛释放量＜0.01mg/m³，燃烧等级为 A 级，如图 3-34（c）所示。

4. 封底板

彩涂钢板厚度不小于 0.3mm，考虑厚度较小可进行压筋处理。

  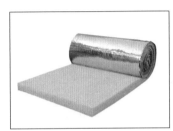

（a）橡塑地板　　　　　　　　（b）水泥刨花板　　　　　　　　（c）玻璃丝棉卷毡

图 3-34　箱底材料

3.2.3　墙板材料

金属夹芯板如图 3-35（a）所示。表面彩涂钢板一般厚度不小于 0.4mm，采用镀铝锌基板，表面一般为聚酯涂层，根据环境腐蚀程度的不同可选高耐久性涂层等，涂层厚度根据使用环境和年限可调整；夹芯材料采用玻璃丝棉或岩棉，如图 3-36（b）所示，容重为 55～100kg/m³，导热系数不大于 0.045W/（m·K），燃烧等级为 A 级。

图 3-35　基板破坏

（a）金属夹芯板　　　　　　　　　　　（b）夹芯材料

图 3-36　墙板材料

3.2.4　门窗

外门宜选用钢质门，外窗宜选用节能型铝合金窗或塑钢窗，且宜选用双层玻璃或中空玻璃，图 3-37 为箱式房屋常用门窗样式及配套五金。

（a）门窗

 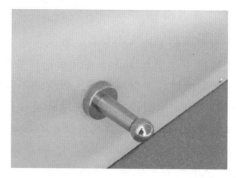

（b）五金

图 3-37　门窗展示

3.3　物理性能

3.3.1　墙板抗弯性能

金属夹芯板属于轻质高强材料，设计需满足相应的规范要求，金属夹芯板的抗弯性能主要受彩涂板厚度、夹芯材料（一般为玻璃丝棉或岩棉）容重、彩涂板与夹芯材料粘结面积等影响，具体指标见表 3-3。

表 3 - 3　　　　　　　　　　　　　　　墙 板 抗 弯 性 能 指 标

材料	项　目	指　标
金属夹芯板	抗弯性能	$0.5kN/m^2$ 均布荷载作用下的最大挠度不应超过 $L_0/150$ 且不大于 $10mm$（L_0 为夹芯板跨度）
彩涂板	厚度（含涂层）	不小于 $0.4mm$
夹芯材料	密度	不小于 $55～100kg/m^3$
	彩涂板与夹芯材料粘结面积	不小于 85%

金属夹芯板抗弯试验简图如图 3-38 所示，实际试验过程如图 3-39 所示。

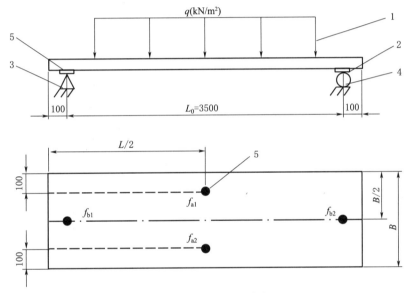

图 3-38　抗弯试验简图（单位：mm）

1—均布荷载；2—支座承压板（宽 100mm，厚 6～15mm 钢板）；3—铰支座；

4—滚动支座；5—试件；6—百分表 f_{a1}、f_{a2}、f_{b1}、f_{b2}

1. 试验方案

金属面玻璃丝棉复合墙板 1 块，墙板端头设置简支支承点。使用仪器钢盒尺、台秤、数显百分表对墙板的荷载、挠度项目进行测试。

2. 试验方式

所检板采用简支支承、均布加载。每级按 $0.20kN/m^2$ 加载，每加载一组静置 5min，读数进行数据记录，目标值应为 $1.0kN/m^2$，加载到 $1.4kN/m^2$ 时终止试验。

3. 实验结论

经检验加载到 $1.4kN/m^2$ 未见异常，墙板的抗弯性能能够满足设计要求。

3.3.2　隔音性能

集成箱式房屋的隔音主要受箱底和箱顶隔音措施、墙体密封性、门窗、墙体材料等影

（a）样件

（b）检测设备

（c）加载过程1

（d）加载过程2

（e）加载过程3

（f）加载过程4

图 3-39　试验过程

响。在箱底和箱顶的构造中均填充 100mm 厚的玻璃丝棉卷毡作为吸音材料；平开窗比推拉窗的密封性好；墙体部分的隔音受密封性和墙体材料的影响，金属夹芯板属于轻质材料，其隔音降噪能力较差，降噪指数约为 20dB。

经过实际测试房屋外部声源为 67.2dB，房屋内部为 44.4dB，房屋整体隔音降噪指数为 22.8dB，如图 3-40 所示。图 3-41 为北京市环境检测中心进行实际测试。如果两个相邻模块之间为双墙及上下楼层设计时，其隔音效果将会大大提高，如图 3-42 和图 3-43 所示。

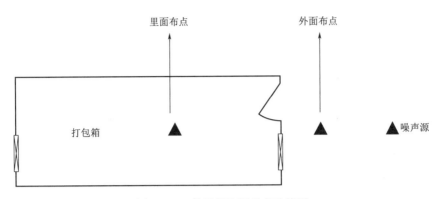

图 3-40　单元模块隔音实验简图

图 3-41　试验过程

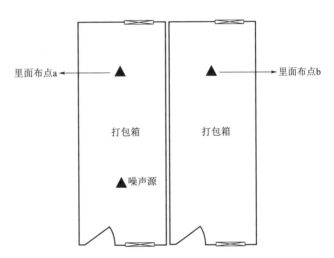

图 3-42　左右模块双墙隔音试验简图

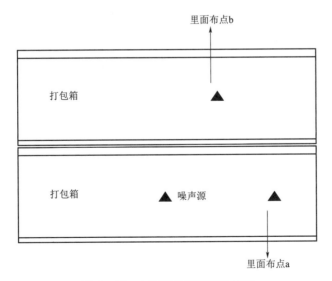

图 3-43　上下模块隔音试验简图

1. 测试条件

集成箱式房屋内部设置监测仪器，室外放置监测仪器以及噪声声源设备。

2. 测量仪器

主要仪器有声级计、声校准器、气象仪器空盒气压表、温湿度计、风速仪。测量仪器精度为 2 型及 2 型以上的积分平均声级计，其性能需符合规定，定期校验。测量前后使用声校准器校准测量仪器的示值偏差不得大于 0.5dB，否则测量无效。声校准器应满足 1 级或 2 级要求。测量时传声器应加防风罩。

3. 测点选择

根据检测对象和目的，选择一般户外测点条件进行环境噪声的测量，距离任何反射物（地面除外）至少 3.5m 外测量，距地面高度 1.2m 以上。必要时可置于高层建筑上，以扩大监测受声范围。

4. 其他

符合气象条件要求，测量应在雨雪、无雷电天气，风速 5m/s 以下进行，并做测量记录。

3.3.3　保温性能

房屋的保温性能是影响使用舒适性的重要指标之一，集成箱式房屋保温性能的优劣主要与箱底、箱顶和墙体的构造有关。

1. 箱底保温性能

箱底构成如图 3-2 所示。作为室内铺面材料的橡塑地板和水泥板基板均具有一定的致密性，是热的不良导体，单面带铝箔的玻璃丝棉卷毡是良好的保温材料，同时铝箔具有较好的热反射作用。箱底材料保温参数见表 3-4。

表 3-4　　　　　　　　　　箱底材料保温参数

材　　料	导热系数/[W/(m·K)]	厚度/mm
橡塑地板	0.14～0.17	2
水泥板	0.34	19
单面带铝箔玻璃丝棉卷毡	0.045	100

箱底传热系数的计算不考虑热桥的影响以及橡塑地板和水泥板的保温贡献。

（1）围护结构热阻的计算（单层结构热阻）。

$$R = \delta / \lambda$$

式中　δ——材料层厚度，m；

　　　λ——材料导热系数，W/(m·K)。

（2）围护结构的传热阻。

$$R_0 = R_i + R + R_e$$

式中 R_i——内表面换热阻，$m^2 \cdot K/W$（一般取 0.11）；

　　R_e——外表面换热阻，$m^2 \cdot K/W$（一般取 0.04）；

　　R——围护结构热阻，$m^2 \cdot K/W$，考虑单面铝箔封闭空气间层的热阻取 $0.54 m^2 \cdot$

　　K/W。

（3）围护结构传热系数计算。

$$K = 1/R_0$$

式中 R_0——围护结构传热阻。

依据上述计算可得，$K_{底} = 0.33 W/(m^2 \cdot K)$。

2. 箱顶保温性能

箱顶构成如图 3-6 所示。单面带铝箔的玻璃丝棉卷毡是良好的保温材料，同时铝箔具有较好的热反射作用。箱顶材料保温参数见表 3-5。

表 3-5　　　　　　　　　　箱顶材料保温参数

材　料	导热系数/[W/(m·K)]	厚度/mm
单面带铝箔玻璃丝棉卷毡	0.045	100

箱顶传热系数的计算不考虑热桥的影响。

（1）围护结构热阻的计算（单层结构热阻）。

$$R = \delta/\lambda$$

式中 δ——材料层厚度，m；

　　λ——材料导热系数，$W/(m \cdot K)$。

（2）围护结构的传热阻。

$$R_0 = R_i + R + R_e$$

式中 R_i——内表面换热阻，$m^2 \cdot K/W$（一般取 0.11）；

　　R_e——外表面换热阻，$m^2 \cdot K/W$（一般取 0.04）；

　　R——围护结构热阻，$m^2 \cdot K/W$，考虑单面铝箔封闭空气间层的热阻取 $0.54 m^2 \cdot$

　　K/W。

（3）围护结构传热系数计算。

$$K = 1/R_0$$

式中 R_0——围护结构传热阻。

依据上述计算可得，$K_{顶} = 0.34 W/(m^2 \cdot K)$。

3. 墙板保温性能

墙板结构为金属夹芯板，墙板两侧为彩涂板，夹芯材料一般为玻璃棉或岩棉，均为良好的保温材料。墙板材料保温参数见表 3-6。

表 3-6　　　　　　　　　　墙板材料保温参数

材　料	导热系数/[W/(m·K)]	厚度/mm
玻璃丝棉或岩棉	0.045	50/75/100

墙板传热系数的计算不考虑热桥的影响。

（1）围护结构热阻的计算（单层结构热阻）。

$$R = \delta / \lambda$$

式中　δ——材料层厚度，m；

　　　λ——材料导热系数，W/(m·K)。

（2）围护结构的传热阻。

$$R_0 = R_i + R + R_e$$

式中　R_i——内表面换热阻，m^2·K/W（一般取 0.11）；

　　　R_e——外表面换热阻，m^2·K/W（一般取 0.04）；

　　　R——围护结构热阻，m^2·K/W，考虑单面铝箔封闭空气间层的热阻取 0.54m^2·K/W。

（3）围护结构传热系数计算。

$$K = 1 / R_0$$

式中　R_0——围护结构传热阻。

依据上述计算可得

$$K_{墙50} = 0.79 W/(m^2 \cdot K)$$

$$K_{墙75} = 0.55 W/(m^2 \cdot K)$$

$$K_{墙100} = 0.42 W/(m^2 \cdot K)$$

当墙体采用其他材料或多层构造时，应按实际情况计算。

3.3.4　箱体防水性能

集成箱式房屋的屋面为平顶设计，排水方式为集中排水，落水管为 4 根 De50 PVC 管，屋面的密封及排水能力应当满足设计要求。

通过对屋面、墙面、门窗等部位进行淋水试验，测试房屋的密封性及屋面的排水能力。试验原理如图 3-44 所示。

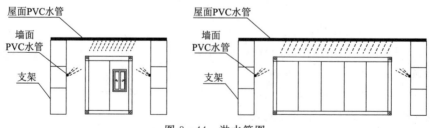

图 3-44　淋水简图

测试条件：外墙面及屋面淋水装置宜采用管径为 $\phi 20 \sim 25mm$ 的管材建立淋水管网，管网孔间距应为 $150 \sim 200mm$，孔径宜为 3mm，离墙距离不宜大于 150mm。安装加压泵，淋水水压不应低于 0.3MPa。

外墙面淋水检验，持续淋水 1 小时后，房屋没有出现渗漏现象，如图 3-44，图 3-45（i）、（j）所示。

屋顶面淋水检验，淋水 2h 后，屋面排水系统通畅，持续时间不小于 6h。经过测试屋面排水能力可达 16mm/min，屋顶面没有出现漏水现象，如图 3-45（a）～（c）所示。为验证箱顶自排水能力，不考虑箱顶角件形成的溢流效果，对箱顶角件进行了封堵处理，如图 3-45（d）所示。考虑实际工况使用时屋面杂物对排水的影响，如图 3-45（f）所示，在屋面自然洒落干树叶，试验发现树叶随着水流聚集在集水槽内，造成集水槽内水位上升，在最大水流情况下水位仍然未超过集水槽。但设计时应考虑在集水槽处设置篦子或其他形式的构件，如图 3-45（g）、图 3-45（h）所示。

（a）屋面测试1

（b）屋面测试2

（c）屋面测试3

（d）封堵处理

（e）封堵处理

（f）屋面落叶

图 3-45（一）　淋水测试过程

（g）排水篦子

（h）排水篦子

（i）墙面测试1

（j）墙面测试2

图 3-45（二） 淋水测试过程

第 4 章

电气系统设计

4.1 电气系统简介

4.1.1 配电系统的特点

1. 概述

一般建筑的配电方式是将一栋房屋看做一个配电单元（一栋房屋的定义是由多个不同功能间、不同房间组合成的一个建筑），一栋建筑设置一个总配电箱，建筑内再分各个回路配电，不同功能间、不同房间的照明可能是一个回路，插座也可能共用一个回路，各房间之间是有电气联系的。

箱式房屋构成的建筑的配电方式与一般建筑不同，建筑内的各个房间都是由箱式房屋组成的，每个箱式房屋都是独立的配电个体，都拥有一套独立的电气系统，如图 4-1 所示。箱式房屋构成的建筑设置有总配电箱，每个箱式房屋模块还设置有分配电箱，总配电箱与分配电箱之间连接，分配电箱负责每个房间内照明回路、插座回路、空间回路的通断。

（a）箱式房屋组合建筑　　　　　（b）箱式房屋单体配线图

图 4-1　箱式房屋

2. 配电方式的特点

箱式房屋这种模块化的配电系统有着独特的实用价值。首先，每个房间均设置分配电箱，建筑的总配电箱采用放射式或树干式的供电方式与分配电箱连接，这样的配置方式就避免了大规模停电事故的发生，供电的可靠性成倍提升；其次，可以实现搭积木式的搭建建筑，供电不必等待建筑全部完工再施工，由于配电是在工厂预制完成的，到达现场后仅需连接总电源线，所以箱式房屋可以做到设置几个模块就通电几个模块，还可以增加模块，扩展性较好。

4.1.2　室内配电

室内配电箱暗装在室内吊顶内，采用 PVC 型全塑配电箱，有一路进线，三路出线。进线是从工业插座来，出线的三个回路分别是照明回路、插座回路和空调回路，这三个回路分别由不同的断路器控制通断，如图 4-2 所示。

图 4-2　配电箱内部接线图

1. 总回路

箱式房屋采用单相供电，供电电压 220V，频率 50Hz，鉴于箱式房屋快捷安装与可以移动使用的特性，总电源的接入口采用工业插座，如图 4-3 所示。工业插座的好处在于连接快速，连接好后牢固可靠、防护等级高，不会出现虚接的情况。工业插座可拆分为插头和插座两部分，外来电源与工业插头连接，工业插座与室内配电箱连接，工业插头插入工业插座内，如此便实现了电气连通。

（a）室外电气接口

（b）电气接口局部放大图

图 4-3　箱式房屋总电源接口

总电源进线是连接工业插座与配电箱总断路器的导线，它承载了箱式房屋的全部载荷，此回路的导线线径由用电功率和工业插座额定电流决定。根据用电功率选定工业插座为 32A，总断路器选取 25A 的 2P 断路器，导线采用 $6mm^2$ 导线。由国家建筑标准设计图集（04DX101-1）查表 6.1 可知，在环境温度为 40℃，工作温度为 70℃，额定电压为

450V，导线根数为 3 根平行敷设等条件下，6mm² 导线的安全载流量为 31A，正好满足三者间的平衡关系，回路走向及线径如图 4 - 4 所示。

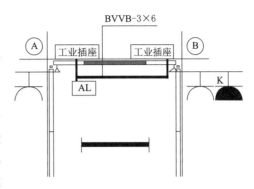

图 4 - 4　总回路走向及线径

2. 照明回路

照明回路仅有两盏 36W 的荧光灯，总功率为 72W，根据相关规范选用 1.5mm² 导线作为回路导线，从配电箱出来的导线是三芯导线，其中带有接地线，接地线和灯具直接连接，而火线通往开关，开关控制火线的通断，零线也直接和灯具相连。为了节省材料成本，灯具到开关不再采用三芯导线而是改用二芯导线，从而避免了全部采用三芯导线带来的浪费，回路图如图 4 - 5 所示。

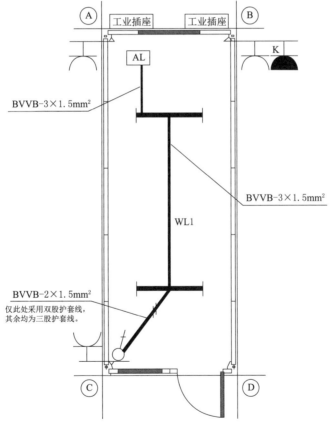

图 4 - 5　照明回路图

3. 插座回路

分布在房间四角的插座需要通过导线连接到一起，形成一个回路。因此插座回路是箱式房屋路径最长的回路，所用导线的数量也是最多的。根据国标规范插座回路的线径不能小于 2.5mm²，箱式房屋仅有 3 套 10A 的五孔插座，插座全部满负荷工作回路的工作电流为 4A

左右，而由 04DX101-1 查表 6.1 可知，在环境温度为 40℃，工作温度为 70℃，额定电压为 450V，导线根数为 3 根平行敷设等条件下，2.5mm² 导线的安全载流量为 18A，选用 2.5mm² 导线完全可以满足回路功率的要求，回路图如图 4-6 所示。

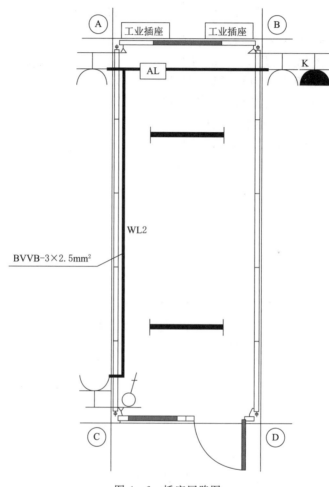

图 4-6　插座回路图

4．空调回路

空调是箱式房屋功率最大的电器，它所在的回路功率也最大。根据室内面积，选用空调为 1.5 匹左右，其制冷功率最大为 1.5kW，电流为 8A 左右。由 04DX101-1 查表 6.1 可知，在环境温度为 40℃，工作温度为 70℃，额定电压为 450V，导线根数为 3 根平行敷设等条件下，4mm² 导线的安全载流量为 24A，选用 4mm² 导线完全可以满足回路的要求，回路图如图 4-7 所示。

5．室内其他配置

箱式房屋作为房建类工程施工现场用临时性建筑一般使用不超过 5 年，而水电站、矿业等工程不仅需要在建设期间内使用，在后续一定的经营期间也要使用，因此其使用年限可达 15～20 年。作为较长期使用的建筑其消防设计也是设计方案的必需部分，在海外工程中消防设计方案是非常重要的一项审查内容。箱式房屋一般无法采用喷淋等系统，较多采用的是烟感等报警系统，图4-8所示为安装完成后的烟感探测器。

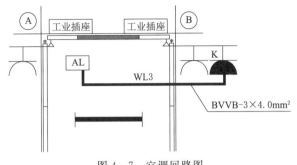

图4-7 空调回路图

图4-8 烟感探测器

4.1.3 用电端布置

箱式房屋一般作为租赁或临时使用，再加之其特殊的结构特性，同时考虑室内的开关、插座检修的便利性，因此在设计时和一般建筑有很大区别。箱式房屋室内实际效果如图4-9所示。

（a）室内侧视图

（b）入户门

（c）屋内一角

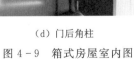

（d）门后角柱

（e）窗旁角柱

图4-9 箱式房屋室内图

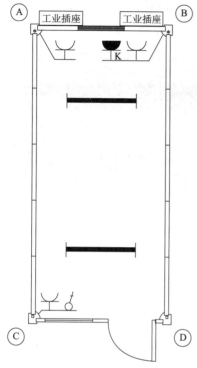

图 4-10　箱式房屋室内电气布置图

箱式房屋的角装饰件是室内配电的安装件，插座及开关全都集中安装在角装饰件上。角装饰件分布在屋子四根角柱处，每个角装饰件上布置的插座及开关均不相同，具体布置如图 4-10 所示。

从图 4-10 中可以看到，3 套五孔插座分布在角装饰件 A、B、C 三处（插座距地 0.4m，暗装），空调插座安装在 B 墙角，距顶 0.4m；一位开关安装在 C 墙角，距地 1.2m，D 墙角上不安装任何电器元件。安装完成后如图 4-11、图 4-12 所示。

墙角接线板设计为免钉可拆卸式固定，便于检修作业，如图 4-13（a）、（b）、（c）所示。

根据室内布局要求除了墙角还需要在其他位置设置插座时，通过采用墙面线槽的方式解决，墙面线槽定位高度可以与桌面相同也可以与踢脚线一样，设计的做法如图 4-14（a）所示，局部放大图如图 4-14（b）所示。

当有多个箱式房屋单元组成大的空间时，墙面或柱子连接拼缝处的接线板处理如图 4-15 所示。

灯具设计：一栋箱式房屋室内一般配置 2 套灯具，通常明装在吊顶板上，一位大按键单控开关控制开闭，安装完成后的效果如图 4-16 所示。

图 4-11　墙角接线板（c、d 墙角）

图 4-12　墙角接线板（a、b 墙角）

4.1.4　室外配电

箱式房屋在单独使用时只需一路供电回路即可，按照单个箱体 3.0kW 计算，供电导线的线径用 6mm² 导线即可。

但大多数情况下箱式房屋作为模块是沿 X、Y、Z 轴组合使用的，如果每个箱体引一路导线连接进行单独供电，虽然这样放射式供电的可靠性很高，但供电材料用量大、成本

（a）室内插座 （b）安装卡扣

（c）角件背部接线

图 4-13 墙角接线板固定

 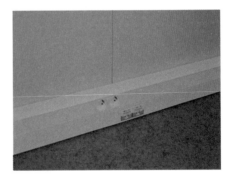

（a）接线板与线槽 （b）踢脚线式线槽

图 4-14 室内踢脚线槽

高，不符合技术经济性要求。采用放射式和树干式结合供电，保证供电可靠性的同时还可以降低材料成本，更容易让业主接受，这种结合的供电方式分为以下两种。

（a）顶部连接件　　　　　　　　　　　　（b）地面连接件

（c）中柱　　　　　　　　　　　　　　　（d）角柱

图 4-15　室内开间接线板处理

图 4-16　灯具

1. 大树干式

大树干式是指一条供电回路连接 3 个以上箱式房屋，整个建筑由几个大回路完成供电。例如：一共 30 套箱式房屋需要供电，假如这 30 套箱式房屋均为相同的配置，功率均为 3.0kW，那么采用本供电方式供电，就可以根据建筑的层数以及每层的箱体数来决定供电的回路数和回路的线径。若 30 套箱式房屋构成的建筑共 3 层，每层 10 栋，那么供电回路就是 3 个，每个回路串联 10 栋。也就是说，一条电缆分别和 10 栋箱式房屋电气连接，一共使用 3 条电缆，如图 4-17 所示。这样极大地节省了材料，供电的可靠性一定程度上也有保证。

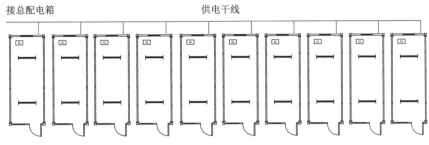

图 4 - 17　大树干式 一层供电示意图

图 4 - 17 为一层供电示意图，二层、三层与本层均相同，在此不再重复展示。

2. **小分枝式**

小分枝式就是供电的方式犹如小树枝，这样的供电方式是指每 3 个箱式房屋之间串联，这 3 个箱式房屋就形成了一个供电回路，这个回路的一端是总配电箱，另一端是 3 个联合体箱式房屋的起端。例如：还是 30 套功率为 3.0kW 的箱式房屋组成的 3 层建筑，每层 10 栋，那么该建筑的供电回路就有 10 个，每个回路负载 3 栋箱式房屋。可以横向连接，每层最后一栋在一起形成一个回路，如图 4 - 18 所示。

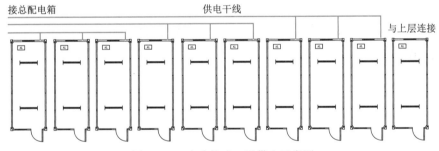

图 4 - 18　小分枝式一层供电示意图

图 4 - 18 展示的是小分枝式一层供电示意图，二层、三层和一层相同，在此不再重复展示。值得注意的是，最右侧一间使一层到三层连接在一起。

室外配电方面，不管是大树干式还是小分枝式，安装完的外立面效果并无明显区别，图 4 - 19 是安装完成后的实际效果。

（a）二层串联室外接线实例图

图 4 - 19（一）　室外电气连接实例图

（b）单层串联室外接线实例

（c）二层并联室外接线实例图（东视图）

（d）二层并联室外接线实例图（西视图）

图 4-19（二）　室外电气连接实例图

4.2　常用电气设备及参数

4.2.1　工业插座

1. 定义

工业插座一般分为插头和插座两部分，也称为工业连接器，是快捷实现电气连通的装置。工业插座和一般生活用插座最大的区别在于外观样式和防护等级。一般分为 3 芯、4 芯、5 芯等，电流一般分为 16A、32A、63A、125A、250A、420A 等，防护等级又可以分为 IP44、IP67。图 4-20 为 3P/32A 工业插座，3P 表示 3 芯，即火线、零

（a）工业插头

（b）工业插座

图 4-20　工业插座套装

图 4-21 工业插座实际使用示意图

线、接地线，整套插座连接完成后，整体的防护等级是 IP44。

工业插座在箱式房屋上使用时，往往是嵌入到箱底结构的短梁内，采用方形铁盒作为容纳盒，铁盒与短梁焊接，实际安装效果如图 4-21 所示。

2. 规格参数

工业插座规格参数见表 4-1。

表 4-1　　工 业 插 座 规 格 参 数

项　目	参　数	项　目	参　数
中文名称	工 业 插 座	英文名称	Industrial plug
外观颜色	蓝色/白色	材质	尼龙 PA66
安全电流	32A	接地	常规 6H
防护等级	IP44	认证	CCC
电压	200～250V，50Hz	电缆入口	2.5～10mm²
安装方式	明装	极数	2P+E

（1）防护等级说明。IP44 可防止来自各方向的喷水及 1mm 以上固体的危害。

（2）外壳。采用优质尼龙制造，其正常使用情况下可达到 90℃ 不变形，－40℃ 技术指标不改变。

（3）塑料芯件。采用防火塑料（尼龙）材料。在正常环境工作下可耐温 120℃。在阻燃试验（850℃灼热丝）中，无可见火焰，无持续辉光，绢纸不起火，撤掉灼热丝后 30 秒内火焰熄灭，辉光消灭。

（4）插针、插套。铜镍合金插销具有良好的插接功能和防腐蚀功能。

（5）横轴和弹簧、螺丝均为不锈钢材质。

4.2.2　配电箱

1. 定义

配电箱是整个房屋的电力中心，电源的输入和再分配都需要配电箱来完成，同时配电箱还控制着室内各个回路的通断，具有通断、控制、保护以及调节等功能，外形如图 4-22 所示。

照明回路采用 1P/10A 高分断断路器，仅断火线。插座回路采用 2P/15A 带漏电保护的断路器，既断火线又断零线，全配电箱仅插座回路配置了漏电保护装置，也就是说当发生触电事故时插座回路断开，而照明回路保持畅通，有利于维

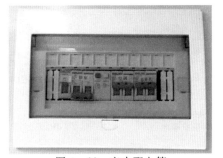

图 4-22　室内配电箱

护检修。空调采用 2P/20A 高分断断路器，既断火线又断零线，总断路器为 2P/25A 高分断断路器，总断不配置漏电保护也是为了防止越级跳闸。配电箱电气系统如图 4-23 所示。

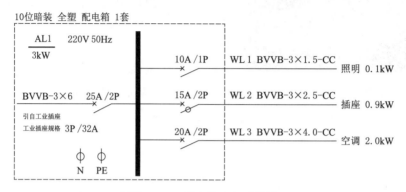

图 4-23　配电箱电气系统图

配电设备等级划分如下：

（1）一级配电设备，统称为动力配电中心。它们集中安装在企业的变电站，把电能分配给不同地点的下级配电设备。这一级设备仅靠降压变压器，因此电气参数要求较高，输出电路容量也较大。

（2）二级配电设备，是动力配电柜和电动机控制中心的统称。动力配电柜使用在负荷比较分散、回路较少的场合；电动机控制中心用于负荷集中、回路较多的场合。它们把上一级配电设备某一电路的电能分配给就近的负荷。这级设备应对负荷提供保护、监视和控制。

（3）末级配电设备，统称为照明动力配电箱。它们远离供电中心，是分散的小容量配电设备。

箱式房室内的配电箱属于末级配电设备，其内部断路器也要有相关的保护措施，在发生故障时能够及时切断，避免影响整个配电系统的正常运行。

2. 规格参数

配电箱规格参数见表 4-2。

表 4-2　　　　　　　　　　配 电 箱 规 格 参 数

项　目	参　数	项　目	参　数
中文名称	室内配电箱	英文名称	Distribution box
外观颜色	灰白	材质	底盒及面盖 PVC，金属导轨
额定电压	200～250V，50Hz	外壳温升	允许 40K
位数	10 回路	排数	单排
防护等级	IP30	认证	CCC
安装方式	暗装	额定电流	25A

4.2.3 高分断小型断路器

1. 定义

高分断小型断路器对电气线路或设备的过载与短路起保护作用，同时具有电源隔离功能。并具有直流产品，适用于直流线路的过载与短路保护，广泛应用于电信或电力机车等领域，如图 4-24 所示。

2. 规格参数

高分断小型断路器规格参数见表 4-3。

图 4-24　高分断小型断路器

表 4-3　　　　　　　　　高分断小型断路器规格参数

项　目	参　数	项　目	参　数
中文名称	高分断小型断路器	英文名称	Micro circuit breaker
特征	C 型	极数	2P/1P
额定电压	230V/400V AC	额定电流	25A/20A/10A（30℃时）
接线	压板接线板	安装	导轨安装
功能	过载/短路保护	认证	CCC
灭弧方式	磁吹式	机械寿命	≥10000 次
外壳材质	PA 阻燃增强尼龙	电气寿命	≥4000 次
冲击耐受电压	6kV	脱扣特性	（5～10）I_n

（1）耐冲击 6kV，具有短路、过载、控制、隔离的功能。

（2）使用环境为 -30～70℃，抗湿热型为 2 类（温度 55℃时，相对湿度 95%）。

（3）端子接触面积。适用于 25mm² 及以下的导线。脱口特性：瞬时脱扣范围为（5～10）I_n。

4.2.4 拼装漏电断路器

图 4-25　拼装漏电断路器

1. 定义

漏电断路器是电路中漏电电流超过预定值时能自动动作的开关。常用的漏电断路器分为电压型和电流型两类，而电流型又分为电磁型和电子型两种，外形如图 4-25 所示。

漏电断路器用于防止人身触电，应根据直接接触和间接接触两种触电防护的不同要求来选择。

2. 规格参数

拼装漏电断路器规格参数见表 4-4。

表 4 - 4 拼装漏电断路器规格参数

项　目	参　数	项　目	参　数
中文名称	拼装漏电断路器	英文名称	Residual current circuit breaker
特征	C 型	极数	2P
额定电压	230V/400V AC	额定电流	16A（30℃时）
接线	压板接线板	安装	导轨安装
功能	过载/短路保护	认证	CCC
灭弧方式	磁吹式	机械寿命	≥10000 次
外壳材质	PA 阻燃增强尼龙	电气寿命	≥4000 次
冲击耐受电压	6kV	额定剩余动作电流	30mA

（1）耐冲击 6kV，具有短路、过载、控制、隔离的功能。

（2）使用环境为 -30~70℃，抗湿热型为 2 类（温度 55℃时，相对湿度 95%）。

（3）端子接触面积。适用于 25mm² 及以下的导线，脱口特性：瞬时脱扣范围为（5~10）I_n。

图 4 - 26　五孔插座

4.2.5　五孔插座

1. 定义

五孔插座是由一个两插和一个三插组成的电源插座，如图 4 - 26 所示，其由绝缘材料制成。五孔插座能比较合理地利用空间资源，经济实惠，使用方便。五孔插座可以使人们快捷方便地使用电能，同时又能保障人身安全。

2. 规格参数

五孔插座规格参数见表 4 - 5。

表 4 - 5 五 孔 插 座 规 格 参 数

项　目	参　数	项　目	参　数
中文名称	五 孔 插 座	英文名称	Five - hole socket
额定电压	250V AC	额定电流	10A
外观颜色	白色	外观尺寸	86mm×86mm
面板材质	阻燃 PC	核心材质	锡磷青铜
安装孔距	60mm	安装方式	暗装
插拔次数	≥5000 次	认证	CCC
爬电距离	≥3mm	电气间隙	≥3mm

（1）产品质量：CCC 认证或其他标准认证。

（2）插座铜片：厚度不小于 0.6mm，不同极性之间绝缘电阻不小于 5MΩ。

（3）插座接线端子应能可靠地连接 2 根截面为 1~2.5mm²（10A）、1.5~2.5mm²

（16A、32A）的导线。

（4）面板表面应具有良好的光泽；阻燃性能应通过 650℃灼热丝温度试验要求。

（5）开关、插座的接线端子处有明显的接线极性标记。

（6）插座类产品必须有保护门，合格的保护门应当只有在所有插孔同时插入时（五孔插座在其中一项插座的所有插孔同时插入）才能被打开。

4.2.6 三孔插座

1. 定义

三孔插座上面孔为接地线，左下孔为零线（N），右下孔为火线（L）。通常，单相用电设备，特别是移动式用电设备，都应使用三芯插头和与之配套的三孔插座。零线必须接在零线的干线上，而不能接在左插孔接线端至零线干线之间。三孔插座与五孔插座最大的区别在于三孔插座能够承担更大的电流，提供更大的功率，三孔插座如图 4-27 所示。

图 4-27　三孔插座

2. 规格参数

三孔插座规格参数见表 4-6。

表 4-6　　　　　　　　　三 孔 插 座 规 格 参 数

项　目	参　数	项　目	参　数
中文名称	三孔插座	英文名称	Three-hole socket
额定电压	250V AC	额定电流	16A
外观颜色	白色	外观尺寸	86mm×86mm
面板材质	阻燃 PC	核心材质	锡磷青铜
安装孔距	60mm	安装方式	暗装
插拔次数	≥5000 次	认证	CCC
爬电距离	≥3mm	电气间隙	≥3mm

（1）产品质量：CCC 认证或其他标准认证。

（2）插座铜片：厚度不小于 0.6mm，不同极性之间绝缘电阻不小于 5MΩ。

（3）插座的接线端子应能连接 2 根截面为 $1\sim2.5mm^2$（10A）、$1.5\sim2.5mm^2$（16A、32A）的导线。

（4）面板表面应具有良好的光泽；阻燃性能应通过 650℃灼热丝温度试验要求。

（5）开关、插座的接线端子处有明显的接线极性标记。

（6）插座类产品必须有保护门，合格的保护门应当只有在所有插孔同时插入时（两孔、三插座在其中一项插座的所有插孔同时插入）才能被打开。

4.2.7 一位大按键单控开关

1. 定义

图4-28 一位大按键单控开关

一位大按键单控开关在家庭电路中是最常见的，也就是一个开关控制一件或多件电器，根据所联电器的数量又可以分为单控单联、单控双联、单控三联、单控四联等多种形式。如：厨房使用单控单联的开关，一个开关控制一组照明灯光；客厅可能会安装三个射灯，那么可以用一个单控三联的开关来控制，如图4-28所示。

2. 规格参数

一位大按键单控开关规格参数见表4-7。

表4-7 一位大按键单控开关规格参数

项　目	参　数	项　目	参　数
中文名称	一位大按键单控开关	英文名称	One way single control switch
额定电压	250V AC	额定电流	10A
外观颜色	白色	外观尺寸	86mm×86mm
面板材质	阻燃PC	核心材质	锡磷青铜
安装孔距	60mm	安装方式	暗装
插拔次数	≥40000次	认证	CCC
爬电距离	≥3mm	电气间隙	分隔的带电部件之间≥1.2mm，带电部件与其他部件之间≥3mm

（1）开关触点为银合金触点，动静触点分开后，绝缘电阻不小于5MΩ。

（2）开关、插座的接线端子处有明显的接线极性标记。

4.2.8 荧光灯

1. 定义

荧光灯也称为日光灯，外形如图4-29所示。传统型荧光灯即低压汞灯，是利用低气压的汞蒸气在通电后释放紫外线，从而使荧光粉发出可见光的原理发光，因此它属于低气压弧光放电光源。1974年，荷兰飞利浦首先研制出了能够发出人眼敏感的红、绿、蓝三色光的荧光粉。三基色（又称三原色）荧光粉的开发与应用是荧光灯发展史上的一个重要里程碑。

荧光灯因其低廉的价格，良好的性能受到人们的喜爱，荧光灯显色指数$R>80$，接近太阳光色（太阳光的显色指数$R=100$），光视效能也比较高，一般为每瓦电功率65lm以上。荧光灯管实际光效高低与所采用的镇流器技术性能和镇流器与荧光灯管的匹配程度等有直接关系。荧光灯管启辉点燃寿命也比较长，一般在8000h以上。如果匹配技术性能先

图 4-29　单管支架荧光灯

进的高性能电子镇流器，启辉点燃寿命会增加至 15000～20000h。

2. 规格参数

荧光灯规格参数见表 4-8。

表 4-8　　　　　　　　　　　荧 光 灯 规 格 参 数

项　目	参　数	项　目	参　数
中文名称	荧光灯	英文名称	Lamp pipe
额定电压	250V AC	频率	50Hz/60Hz
光源	T8 荧光灯管	功率	36W×2
光通量	2850lm	色温	4100K（中性光）
规格尺寸	25mm×1213mm	灯头型号	G13
显色指数	51	功率因数	0.85
启动器	电子启动器 EL	寿命	≥10000h
防护等级	IP20		

4.2.9　BVVB 硬质铜芯护套线

1. 定义

BVVB 硬质铜芯护套线的全称为铜芯聚氯乙烯绝缘聚氯乙烯护套平形电缆，如图 4-30 所示。BVVB 硬质铜芯护套线其实可以理解为两根或者三根并列平行的 BV 电线，BV 电线自身有一层聚氯乙烯绝缘，在这层绝缘外面再裹一层聚氯乙烯绝缘护套，这样的导线称为护套线。护套线也是一种最常用的家用电线，通常由三芯或者两芯组成。

2. 规格参数

BVVB 硬质铜芯护套线规格参数见表 4-9。

图 4-30　BVVB 硬质
铜芯护套线

表 4 - 9 　　　　　　　　　　　　　BVVB 硬质铜芯护套线规格参数

项　　目	参　　数	项　　目	参　　数
中文名称	BVVB 硬质铜芯护套线	英文名称	Electrical wiring
额定电压	300V/500V AC	频率	50Hz/60Hz
长期允许工作温度	≤90℃	规格	2×1.5mm²、3×1.5mm²、3×2.5mm²、3×4.0mm²、3×6.0mm²
护套材质	聚氯乙烯	铜芯材质	无氧铜（纯度≥97%）
内护套颜色	红、蓝、黄、绿	外护套颜色	白色
导体结构（根/单线直径）/mm	3×1/(1.38、1.78、2.25、2.76)	绝缘厚度	0.8mm（绝缘层均匀）
20℃时最大电流电阻/(Ω/km)	≤(12.2、7.41、4.61、3.08)	70℃时最小绝缘电阻/(MΩ/km)	≥(0.011、0.01、0.0085、0.007)
认证	CCC		

注　1. 表中导体结构、20℃时最大电流电阻、70℃时最小绝缘电阻括号内的四个数值分别对应导线 3×1.5mm²、3×2.5mm²、3×4.0mm² 和 3×6.0mm²。

　　2. 导线导体为无氧紫铜，应严格控制偏心率，保证导线绝缘层均匀。

　　3. 产品具备相关的 3C 检测报告及产品合格证书。

4.2.10　快速接线器

1. 定义

快速接线器就是用于实现电气连接的一种配件产品，工业上划分到连接器的范畴。随着工业自动化程度越来越高和工业控制要求越来越严格、精确，接线端子的用量逐渐上涨。随着电子行业的发展，接线端子的使用范围越来越多，种类也越来越多。用得最广泛的除了 PCB 板端子外，还有五金端子、螺帽端子、弹簧端子等。

快速接线器就是一段封在绝缘塑料中的金属片，两端都有孔可以插入导线，有螺丝用于紧固或者松开。例如有两根导线，有时需要连接，有时又需要断开，这时就可以用端子把它们连接起来，并且可以随时断开，而不必把它们焊接起来或者缠绕在一起，方便快捷。而且快速接线器适合大量导线的互联，如电力行业就有专门的端子排，端子箱，上面全是接线端子，有单层的、双层的、电流的、电压的、普通的，可断的等。一定的压接面积是为了保证可靠接触，并保证能通过足够的电流，如图 4 - 31 所示。

（a）4位快速接线器　　　　（b）3位快速接线器　　　　（c）使用实例

图 4 - 31　快速接线器图示

2. 规格参数

2位、3位、4位快速接线器规格参数见表4-10～表4-12。

表4-10 **2位快速接线器规格参数**

项 目	参 数	项 目	参 数
名 称	2位快速接线器	导线材质	电解质铜镀锡
夹持材质	镍铬弹簧钢	额定电流	32A
外壳材质	透明材质（PC材料），非透明材质（尼龙6.6）		
线径范围	1.5～4mm² 单股硬线	额定电压	400V

表4-11 **3位快速接线器规格参数**

项 目	参 数	项 目	参 数
名 称	3位快速接线器	导线材质	电解质铜镀锡
夹持材质	镍铬弹簧钢	额定电流	41A
外壳材质	透明材质（PC材料），非透明材质（尼龙6.6）		
线径范围	2.5～6mm² 单股硬线	额定电压	400V

表4-12 **4位快速接线器规格参数**

项 目	参 数	项 目	参 数
名 称	4位快速接线器	导线材质	电解质铜镀锡
夹持材质	镍铬弹簧钢	额定电流	32A
外壳材质	透明材质（PC材料），非透明材质（尼龙6.6）		
线径范围	1.5～4mm² 单股硬线	额定电压	400V

（1）导电材料。使用镍铬弹簧钢材质，抗腐蚀，在500N/mm²压强下不易脱落。

（2）绝缘材料。透明部分为PC材质，具有耐热、阻燃、透明度高等特性；非透明部分为尼龙6.6（PA6.6），具有阻燃、温度稳定、弹性好及抗折断的特性。

表4-13为箱式房屋标准栋电气规格参数，标准化产品的功率为3.0kW，室内回路设置一般为3～4个回路，表中展示的回路较多，但在一个箱式房屋模块的设计中不会同时设置全部的回路。

表4-13 **箱式房屋标准栋电气规格参数**

序号	参数归类	项 目	参 数
1		总回路	BVVB-3×6.0mm²
2		照明回路	BVVB-2×1.5mm²
3	回路导线截面积	插座回路	BVVB-3×2.5mm²
4		伴热带回路	BVVB-3×2.5mm²
5		空调回路	BVVB-3×4.0mm²

续表

序号	参数归类	项目	参数
6	回路导线截面积	热水器回路	BVVB – 3×4.0mm²
7		地暖回路	BVVB – 3×4.0mm²
8		厨宝回路	BVVB – 3×4.0mm²
9		电暖气回路	BVVB – 3×4.0mm²
10		蒸饭车回路	BVVB – 3×4.0mm²
11	断路器规格	总回路	2P/25A
12		照明回路	1P/10A
13		插座回路	2P/16A 带漏保
14		伴热带回路	2P/16A 带漏保
15		空调回路	2P/20A
16		热水器回路	2P/20A 带漏保
17		地暖回路	2P/20A
18		厨宝回路	2P/20A 带漏保
19		电暖气回路	2P/20A 带漏保
20		蒸饭车回路	2P/20A 带漏保
21	插座标准	总回路	3P/32A 工业插座
22		照明回路	无
23		插座回路	250V 10A 五孔
24		伴热带回路	250V 10A 五孔
25		空调回路	250V 16A 三孔
26		热水器回路	250V 16A 三孔
27		地暖回路	250V 16A 三孔
28		厨宝回路	250V 16A 三孔
29		电暖气回路	250V 16A 三孔
30		蒸饭车回路	250V 16A 三孔
31	灯具功率	卫生间、走廊	22W 吸顶灯
32		起居室、客厅	40W 吸顶灯
33		仓库、餐厅、厨房	36W 单管荧光灯
34		办公室、会议室	36W×2 双管荧光灯
35		公共淋浴间、粉尘仓库	22W 三防灯
36		工厂车间	高悬节能灯 150W
37	房体功率	标准间	3.0kW
38	房屋之间的电气连接	标准间	最多 3 间互连

4.3 国际电压及插座

4.3.1 美标电压、插座

1. 美标电压

美标电压较国内电压差异很大，除了熟知的低压 110V 外，美标电压在中压、高压方面也有很大的区别，根据 ANSI-C84.1-2006 的相关规定，具体如下：

（1）低压供电。

1）范围：低压（LV）≤1kV。

2）常用电压：120V、120/240V、208Y/120V、240V、347V、480Y/277V、480V、600Y/347V、600V，其中 480V 及以上用于工业动力，120V、208Y/120V、240V、277V 用于照明和民用。

（2）中压供电。

1）范围：1kV＜中压（MV）≤100kV。

2）常用电压：13.2kV、4.16kV、2.4kV 等。

（3）高压供电。

1）范围：100kV＜高压（HV）≤230kV。

2）常用电压：115kV、138kV、161kV、230kV。

（4）超高压供电。

1）范围：230kV＜超高压（EHV）＜1000kV。

2）常用电压：345kV、500kV、765kV。

（5）特高压供电。范围：特高压（UHV）≥1000kV。

在居民用电方面考虑更多的是安全，在工业用电方面则优先考虑效率。

2. 美标插座

（1）小功率插座。小功率插座的工作回路类型为电视机、计算机、微波炉、洗碗机、食物残渣处理机等，因为这些回路的负载一般为小型家电，功率一般不大，电压在 110V。插座详细参数见表 4-14。

表 4-14　　　　　　　　　　　美标 15A 插座参数

项　目	参　数	项　目	参　数
型　号	NEMA Type 5-15R	插座颜色	象牙白
插头插座类型	直叶片	电压等级	125V
极数	2	额定电流	15A
线数	3		

插座具体样式如图 4-32（a）所示，一般插座采用金属面盖，这和国标 PVC 面盖不同，如图 4-32（b）所示。接线方式如图 4-32（c）所示。

（a）产品图片　　　　　　　（b）面盖　　　　　　（c）接线

图 4-32　美标 15A 插座

（2）较大功率插座。对于一些功率较大的回路，就需要采用 30A 插座，插座样式如图 4-33 所示，这些回路的负载电器一般有干衣机、大功率空调、热水器等。插座参数见表 4-15。

（a）四孔　　　　　　　（b）三孔　　　　　　　（c）面盖

图 4-33　美标 30A 插座

表 4-15　　　　　　　　　　　　美 标 30A 插 座 参 数

项　目	参　数	项　目	参　数
型　号	NEMA Type 14-30R	插座颜色	黑　色
插头插座类型	直叶片	电压等级	120V/240V
极数	3	额定电流	30A
线数	3/4		

（3）大功率插座。当用电负荷大，且存在一些功率较大的设备，需要 50A 这种大功率插座（外形如图 4-34 所示），这类插座所连接的负载有电灶、室外热泵、电干衣机等，插座详细参数见表 4-16。

表 4-16　　　　　　　　　　　　美 标 50A 插 座 参 数

项　目	参　数	项　目	参　数
型　号	NEMA Type 14-50R	插座颜色	黑　色
插头插座类型	直叶片	电压等级	240V
极数	3	额定电流	50A
线数	4		

（a）插座样式

（b）背部接线

（c）面盖

图 4-34　美标 50A 插座

4.3.2　英标电压、插座

1. 英标电压

英国电压为 230V，电压频率为 50Hz。世界上大体有两种电压体系，一是 110V 左右，如船上的电压，因此它的设备都是按照这样的低电压设计的，上面提及的美标电压也使用到了 110V 这个电压等级。另外一种就是 220V 左右，其中包括了中国的 220V 及英国的 230V。

英标电压和国标的 220V 差异不大，一般电器的适用电压都有浮动范围，频率相同，所以只要注意插座样式的转换，电器都可以正常运转。

2. 英标插座

英式标准插头（品字形插头）按 BS 1363 制造标准执行，也称为英标。英标适用于爱尔兰、中国香港、马来西亚和新加坡等。英标的插头是品字形、矩形柱状、截面大、耐受大电流，是众多插头标准里最安全的插头之一。英标电源插座有保护门设计，可以防止异物插入或者误插入，更加安全可靠。插头、插座须强制接受英国 ASTA 测试认证机构的认证和电器测试。英标插头的电气参数是 3-13A/250VAC。

英式插头有三个方脚插，有"E、L、N"三极，E 极为地线，L 极为火线，N 极为零线，遵循"左零右火地中间"，一般来说插头上都会有标识。英式插头上还标识有相应的电流、电压值，带保险丝的英式插头会标有"FUSED"的字样。英式插头三个铜脚上下、左右间距相同，L 极与 N 极插脚包胶，起安全保护作用，与之配套的插座如图 4-35所示。

（a）英标插座

（b）英标插头

图 4-35　英标插座及插头

图 4-35 插座的额定载流量为 13A，此款插座适用于国标的 86mm×86mm 暗盒，额定电压为 250V。

4.3.3　澳标电压、插座

1. 澳标电压

澳大利亚的电压为 230～240V，频率是 50Hz，澳大利亚的插座与国内一样，是三孔插座，国内的三孔扁插可以正常使用，但国内的两孔插头则需插头转换器。

2. 澳标插座

澳大利亚、中国使用的三脚插头相同。中国的两脚插头是两个平行的片，而澳大利亚的两脚插头是三脚插头少了中间的地线。所以澳大利亚的用电器到中国只要找到三脚插头就一定可用，中国的用电器如果是两脚的，必须用转接器才能在澳大利亚使用，插座样式如图 4-36 所示。

电源电压是 240V。如果能支持到 250V 的电源，在澳大利亚通常情况下都可以用，但如果无法达到或者怕损坏的电器，那么建议带一个稳压器，然后就可以稳定在 220V 了。

（a）澳标插座　　　　　　　　　　（b）澳标插头

图 4-36　澳大利亚插座及插头

4.3.4　欧标电压、插座

1. 欧标电压

欧标是一个集合体，其内部成员国各国电压也都不相同，希腊、荷兰、比利时、匈牙利、罗马尼亚、瑞士、奥地利、西班牙等国家的电压和频率和国标一样，都是 220V，50Hz。法国、意大利及卢森堡是 127V/220V，50Hz。

2. 欧标插座

欧标插头（两圆）的制造标准按 CE 标准执行。欧标插头在德国、奥地利、荷兰、瑞典、挪威、芬兰、俄罗斯等大部分欧洲国家普遍使用，因此称为"欧洲大陆"的标准。插头是两个圆柱，跨距为 19mm，接地极是通过两侧插头接地完成的。中欧和东欧等地区的欧式插头有嵌入式插脚，法国和比利时插座与之相似。欧标插座电气参数为 10～16A230VAC。欧标插座是公认的非常安全的插座，也是世界上使用最广泛的插头标准，欧标插座及插头样式如图 4-37 所示。

注：意大利标插头是三圆柱一条线，丹麦标和瑞士标插头是三圆柱成三角形状，都有直接接地极插脚。瑞典医疗用途的插头要求是注塑一体，禁止接线插头使用。俄罗斯认证机构 GOST 规格要求中欧和东欧 7/7 插头是 16A 的标准。

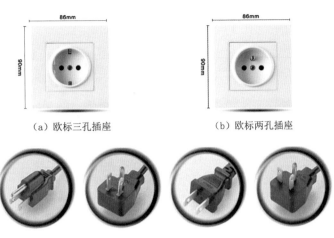

（a）欧标三孔插座　　　　　　　　（b）欧标两孔插座

（c）欧标各类插头

图 4-37　欧标插座及插头

4.3.5　南非标电压、插座

1. 南非标电压

南非电压和国标一样，电压 220V，频率 50Hz。插座样式和国内差异很大，此点需要注意。

2. 南非标插座

南非标插头按 BS 546 India/SABS 164-1 South Africa 制造标准执行，标准是在英国标准 BS 546（1962 年的英国 BS 1363 插头标准）的基础上变化而来。BS 546 标准也用于南部非洲部分地区（如加纳、肯尼亚、尼日利亚），中东（科威特、卡塔尔），尼泊尔和亚洲部分地区和远东部分地区。插脚为三个圆柱，接地比零、火两极的直径大，插头电气参数为 15A/250V AC。插座样式如图 4-38 所示。

（a）南非插座　　　　　　　　（b）南非插头

图 4-38　南非插座

第 5 章

给排水设计

在特定功能箱中卫生间箱是较为常见的一种，又分为独立卫生间箱和公共卫生间箱。在讲解给排水设计之前有必要先了解一下设计中常用的图例，见表5-1。

表 5-1 图 例

序 号	图 例	名 称	规 格
1		PP-R	De20
2		PP-R	De25
3		PP-R	De25
4		截止阀	DN20
5		截止阀	DN25
6		PVC-U	De110
7		PVC-U	De50
8		90°弯头	DN110
9		90°弯头	DN50
10		顺水三通	DN110
11		顺水三通	DN50
12		变径三通	DN110/50
13		P型存水弯	De110
14		坐便	
15		S型存水弯	De50
16		地漏	
17		八角阀	DN15
18		双管淋浴器	

序　号	图　例	名　　称	规　格
19		坐便器	
20		柱盆	
21		玻璃钢整体淋浴房	
22		小便器	
23		蹲便器（含隔断）	
24		拖布池	

5.1　给水设计

5.1.1　独立卫生间

以箱式房屋 2435×6055 规格为例，如图 5-1 所示为以独立卫生间的布局为例进行给水管道设计。

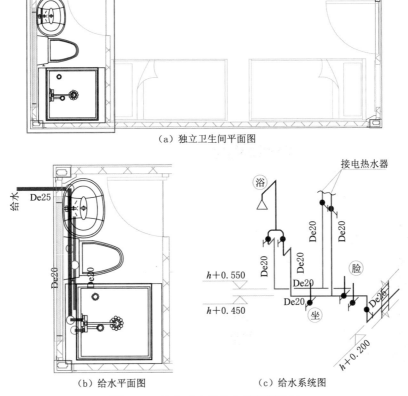

（a）独立卫生间平面图

（b）给水平面图　　　　（c）给水系统图

图 5-1　独立卫生间给水管道设计图

　　由于箱式房屋的围护墙板采用的是金属夹芯板，所以给水管道采用沿墙明装敷设的形式。箱式房屋给水管进入房间的形式有两种：一种是传统穿墙［如图 5-2（a）所示］，给水管道穿墙进入室内，管道穿墙时使用 PVC 装饰环进行洞口的装饰，室外预留一定长度的管道，现场使用热熔器与室外管道对接；另一种是预留内丝接口［如图 5-2（b）所示］，可以方便房屋以后的吊装、移动、再使用。给水主管道进入室内后，要设计截止阀，以对整个房屋的给水进行控制，然后管道再通向各个卫生器具的用水点。

（a）给水管道进户预留　　（b）给水管道进户预留内丝　　（c）卫生间管道敷设1　　（d）卫生间管道敷设2

图 5-2　独立卫生间给水管道

　　淋浴热水采用电热水器，电热水器分为储水式电热水器（挂式、立式）和即热式电热水器。考虑经济和节能性，会采用太阳能加电辅热式热水器，如图 5-3 所示。

（a）挂式储热式电热水器

（b）立式储热式电热水器　　（c）即热式电热水器　　（d）太阳能电热水器

图 5-3　热水器

5.1.2 公共卫生间

公共卫生间布置具有多样性，有洗手盆、拖布池、蹲便器（坐便器）、小便器以及淋浴等洁具的布置。下面以一种公共卫生间进行设计，如图 5-4 所示。

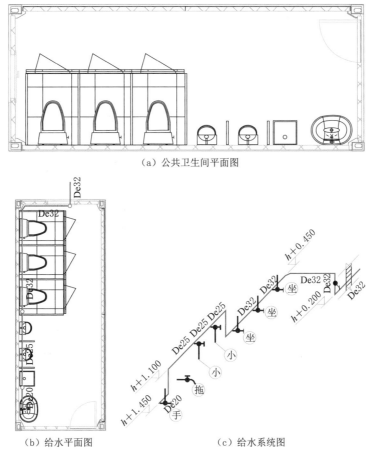

（a）公共卫生间平面图

（b）给水平面图   （c）给水系统图

图 5-4 公共卫生间给水设计图

图 5-5 所示为公共洗漱间和卫生间的给水，管道根据设计图纸的标高进行沿墙明装敷设。

图 5-5 中的洗漱间给水进行了冷、热设计。热水由立式储水式电热水器提供。一般情况下公共卫生间给水设计有两种形式：一种是单冷设计，另一种是冷热水设计。由于公共卫生间只有洗手盆［图 5-4 (a)］会使用到热水，通常增加厨宝（储水式电热水器）来提供热水，如图 5-6 所示。

5.1.3 给水管道

箱式房屋室内的给水系统采用聚丙烯（PP-R）给水管。使用的给水管材和给水管件应符合相关标准。

（a）给水管道上的截止阀

（b）洗涤槽给水管道（下）

（c）公共卫生间蹲便

（d）公共卫生间小便器

（e）洗手盆、墩布池

（f）洗涤槽给水管道（上）

图 5-5　公共洗漱间和卫生间

（a）厨宝

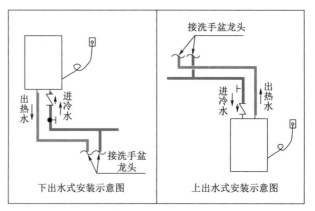
（b）安装示意图

图 5-6　厨宝（储水式电热水器）

当卫生间处于室外温度常年不结冰或寒冷地区且室内有采暖的情况下，室内给水管道不需要进行保温设计；当卫生间处于冬季室外温低于0℃且室内没有采暖时，室内给水管道需要进行保温和防结露；在冬季室外温度能降到0℃的情况下，室外管道需要进行保温设计，同时管道保温需要增加伴热带。设计材料使用B1级橡塑保温管和保温扎带，橡塑保温管（图5-7）常用的厚度是9mm、15mm、20mm、25mm、30mm。保温扎带分为两种，一种是室内使用的白色保温扎带，另一种是室外使用的玻纤布铝箔胶带（图5-8）。图5-9是管道进行保温后的效果。

图5-7　橡塑保温管　　　　　　　　　　图5-8　保温扎带

（a）冷热管道保温　　　　　　　（b）单冷管道保温

图5-9　技术管道保温

5.2　排水设计

箱式房屋卫生间排水有同层排水、异层排水、结构预埋排水三种方式。根据项目的地理位置、气候条件，结合土建施工等情况，选择最优的排水方式。

5.2.1　同层排水

箱式房屋卫生间的同层排水是指同楼层的排水支管均不穿越楼板，部分支管在同楼层内连接到主排水管，然后穿墙排出室外。

　　同层排水适用于独立卫生间和公共卫生间，排水管道按一定的排水坡度沿着地面明装在室内。同层排水的优点是管道不需要做保温，安装简单。下面对独立卫生间和公共卫生间进行排水设计，如图 5‑10 所示。室内管道通过管卡固定于墙面或地面，排水管道穿墙时用钢制金属环进行洞口装饰。

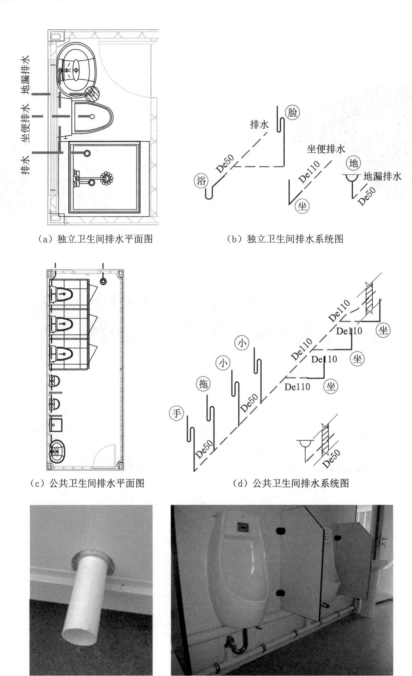

（a）独立卫生间排水平面图　　　　　（b）独立卫生间排水系统图

（c）公共卫生间排水平面图　　　　　（d）公共卫生间排水系统图

（e）排水管道穿墙　　　　　　　　（f）小便器排水管

图 5‑10（一）　卫生间同层排水设计

（g）蹲便支架和蹲便排水管道

（h）蹲便面层处理

（i）公共洗漱间排水设计

（j）独立卫生间排水设计

图 5-10（二）　卫生间同层排水设计

公共卫生间不宜砌筑水泥台面，因此蹲便的排水需要设计蹲便支架［图 5-10（g）］，蹲便支架的高度一般在 150～180mm，满足排水坡度的要求。当需要更大高度时，应设置一步台阶，蹲便支架应做好防水和面层的处理，一般采用与卫生间地面相同的做法。

5.2.2　异层排水

异层排水是指室内卫生器具的排水支管穿过地面结构，在下面空间设置排水横管，再接到排水立管的敷设方式。通常情况下箱底结构需要做架空处理，架空的高度根据排水坡度的需要一般为 150～300mm。如图 5-11 所示为异层排水相关图示。

异层排水的优点是室内没有排水管道，与同层排水相比更为整洁，室内效果较好，检修时需要将模块房屋放置在台架上，如图 5-11（e）所示，因此异层排水设计适用于周期性使用要求的项目。

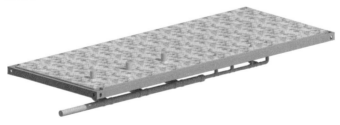

（a）异层排水示意

图 5-11（一）　异层排水

（b）异层排水室外管道设计1

（c）异层排水室外管道设计2

（d）异层排水室外管道设计3

（e）模块房管道检修图

图 5-11（二） 异层排水

另外由于箱式房屋结构的特殊性，异层排水一般适用于单层，二层或三层箱式房屋卫生间采用异层排水时需要考虑楼层间缝隙的处理。当一层采用异层排水时卫生间位置需要将基础降低或加高其他房间的基础，以满足建筑室内地面的标高一致。

5.2.3 结构预埋排水

箱式房屋卫生间结构预埋排水就是将卫生器具的排水管道在工厂就敷设在箱式房屋的地面结构里。结构预埋的排水方式适合独立卫生间。独立卫生间卫生器具有淋浴、坐便、洗脸盆，排水量相对小，地面结构里的空间能满足排水坡度的要求。结构预埋排水管道设计如图 5-12 所示。

结构预埋排水设计的完成效果如图 5-12（d）所示，在现场完成墙板的安装后，可

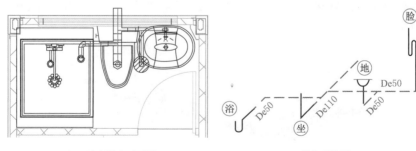
（a）卫生间排水平面图 　　（b）排水系统图

图 5-12（一） 结构预埋排水管道设计图

（c）结构预埋管道示意图

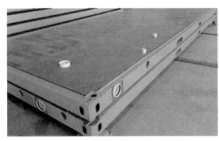

（d）预埋下水口地板处理

（e）预埋管道在结构层的处理

图 5-12（二）　结构预埋排水管道设计图

以直接对坐便、洗脸盆、淋浴间进行安装。结构预埋排水可以节省现场管道安装的时间，提高安装施工的效率，从而控制施工进度。需要注意的是在预埋管道时管道的定位要准确。

　　预埋式排水设计受结构层空间的影响，而公共卫生间一般排水主管道较长、排水量较大，满足排水坡度符合相关标准的情况下所需要的空间高度也更大，设计时应根据实际情况设计排水支管和主管的位置和空间，避免由于排水不顺畅造成堵塞。图 5-13 所示为公共卫生间结构层预制排水管道的示意，当采用金属管作为排水管道时应做好防腐处理。

5.2.4　排水管道

　　箱式房屋室内的排水系统采用硬聚氯乙烯（PVC-U）排水管，使用的排水管材料应

（a）排水结构管道预埋1

（b）排水结构管道预埋2

图 5-13（一）　排水管道结构预埋

（c）排水结构管道预埋3

（d）排水结构管道预埋4

图 5-13（二） 排水管道结构预埋

符合相关标准。对于同层排水来说，室内的排水管道一般不需要进行保温。在异层排水和结构预埋排水中，当冬季室外温度降到 0℃ 以下时需要对排水管道进行保温设计，保温材料是 B1 级橡塑保温棉管和保温扎带，如图 5-8 和图 5-9 所示。

室外的给水管道和排水管道均与现场地埋的主管道相连。当箱式房屋建筑是二层或三层时，给水立管上要设计截止阀，排水立管上要设计检修口和通气帽。当冬季室外温度为 -10～0℃ 时，室外排水管道需要进行保温设计；当室外温度在 -10℃ 以下时，排水管道除了设计保温棉管进行保温，还需要增加伴热带对管道进行保温。保温材料也是 B1 级橡塑保温棉管和保温扎带（如图 5-7 和图 5-8 所示）。图 5-14 所示为室外管道的处理。

（a）室外管道

（b）室外管道连接

（c）室外管道保温1

（d）室外管道保温2

图 5-14（一） 室外管道的处理

（e）室外管道保温3　　　　　　　　（f）室外管道保温4

图 5-14（二）　室外管道的处理

5.3　通风系统

　　卫生间的通风系统分为自然通风和机械通风。

　　自然通风就是依靠室内、外温差所造成的热压或者室外风作用在箱式房屋上所形成的压差，使室内外的空气进行交换，从而改善室内的空气环境。自然通风不需要专设动力装置，对于产生大量余热的房间是一种经济而有效的通风方法。自然通风的换气量一般受到室外气象条件的影响，通风效果不稳定。

　　机械排风是借助于通风机所产生的动力而使空气流动，将卫生间内的空气排到室外。与自然通风相比，机械通风运行更可靠。

　　卫生间的通风可分为两种：一种是在箱式房屋墙面安装排风扇；另一种是采用管道和排风风机的形式。

　　有窗户的卫生间排风一般采用在外墙上安装排风扇，如图 5-1（a）（独立卫生间）和图 5-4（a）（公共卫生间）所示。墙上安装排风扇（图 5-15），室外在排风扇口处安装防雨帽。室外防雨帽分为方形和圆形（图 5-16），由于独立卫生间一般采用规格小的排风扇，室外选用圆形防雨帽 [图 5-16（b）]，而公共卫生间采用相对规格较大的排风扇，室外就选用方形防雨帽 [图 5-16（a）]。

（a）方形防雨帽　　　　　（b）圆形防雨帽

图 5-15　排风扇　　　　　　图 5-16　室外防雨帽

当卫生间没有窗户，处于暗室的情况时（图 5 – 17），室内的通风采用管道式排风。管道式通风是由风机、PVC 管道、圆形风口组成。通过管道将风机和风口连接。由于箱式房屋屋顶空间小，管道、风机都是明装，沿吊顶下进行敷设。排风管道使用通丝和 PVC 吊卡进行固定，室外安装不锈钢圆形防雨帽（图 5 – 18）。

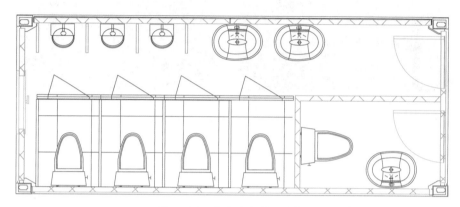

图 5 – 17　含有暗室的卫生间

（a）管道式排风整体图　　　　　　　（b）排风风机

（c）吸风口　　　　　（d）暗室卫生间吸风口　　　　　（e）外墙防雨帽

图 5 – 18　管道式通风

5.4　卫生器具

箱式房屋常规使用的卫生器具有洗脸盆、小便器、坐便器、蹲便器、拖布池等卫生陶瓷类产品和不锈钢洗涤槽等，如图 5 – 19 所示。

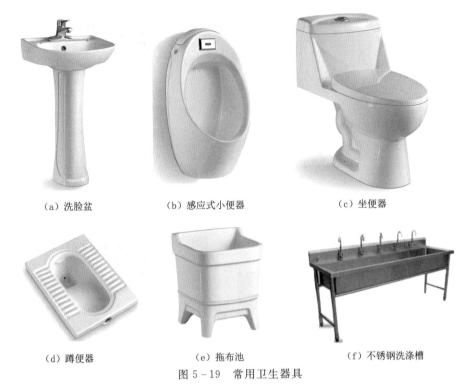

(a) 洗脸盆　　　　　　(b) 感应式小便器　　　　　(c) 坐便器

(d) 蹲便器　　　　　　(e) 拖布池　　　　　(f) 不锈钢洗涤槽

图 5-19　常用卫生器具

由于构造和制作工艺的限制，用作卫生间时箱式房屋地面无法满足排水要求的坡度，因此需要设计一些适用于箱式房屋的专用卫生器具——整体淋浴间和整体地板。

1. 整体淋浴间

整体淋浴间采用玻璃钢材料制作，整体式设计可以有效解决淋浴的漏水问题，同时降低对浴室、卫生间等地面的防水要求，对卫生间的干湿分离设计、使用起到良好的分离作用，适用于独卫淋浴、公共淋浴。

玻璃钢整体淋浴间是以树脂为材料，采用底盘与侧板（含背板）整体制作的工艺，玻璃钢淋浴间内尺为 900mm×900mm，高度为 2115mm；外部尺寸根据方案布局应设计为一定的可调宽度，如图 5-20（a）所示。外部尺寸可调的宽度为 960～1140mm，可调总深度为 940～1000mm。实际应用如图 5-20 所示。

在箱式房屋中，排水采用同层排水的方式，玻璃钢整体淋浴间需要增加支架。玻璃钢淋浴间支架由钢架＋OSB 板＋橡塑地板组成，压边采用 40mm×20mm 角铝，淋浴支架前面设计铝合金检修口，方便排水的检修。

在公共淋浴间先进行冷热水管道布置，预留好外丝直接，如图 5-21 所示。将玻璃钢淋浴间摆好，确定淋浴间冷、热水开孔位置进行划线、开孔，然后将淋浴间安装、排水软管与预留的排水口对接好，安装明杆淋浴器、浴杆、浴帘等，玻璃钢整体淋浴间安装要整齐、规范。

独立卫生间的玻璃钢整体淋浴间冷、热水管道应提前预制好，如图 5-22 所示，再整体安装到设计的位置，进行其他管道安装。

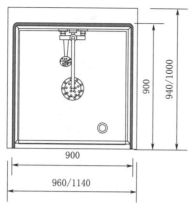

（a）淋浴间尺寸（单位：mm）

（b）整体淋浴间样式

（c）公共浴室

（d）独立浴室

图 5-20　玻璃钢整体淋浴间

图 5-21　接口预留

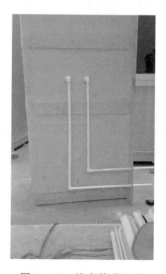

图 5-22　给水管道预制

2. 卫生间整体地板

卫生间整体地板可以有效解决地面、楼面的防水问题，对卫生间的干湿分离设计、使用起到良好的分离作用。

卫生间整体地板主要以树脂为原料制作而成，适用于独立卫生间地面，如图 5-23 所示。整体地板为内凹式设计，深度不宜小于 100mm；使用的地漏一般为不锈钢方形防臭地漏；坐便设计为下排式；地板表面需要进行防滑处理，如凸点；整体地板地漏处为最低标高且排水坡度不应小于 15mm；考虑布局的对称式设计，整体地板应分左右件。

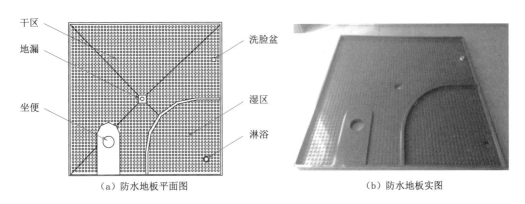

（a）防水地板平面图　　　　　　　　　（b）防水地板实图

图 5-23　卫生间整体地板

卫生间整体地板在集成打包箱模块中设计时，要合理设计、规划整体的利用空间。3000mm×6055mm 集成打包箱中卫生间有两种设计：一种是卫生间设计在整个模块中的一侧，卫生间空间相对较大 [图 5-24（a）]；另一种是将卫生间的位置设计在一个角落，这样有利于房间的通风换气 [图 5-24（b）]。另外卫生间防水地板还有其他规格。在 2435mm×6055mm 集成打包箱中，采用紧凑型整体防水地板 [图 5-24（c）]。

卫生间整体地板在项目中的应用如图 5-25 所示。

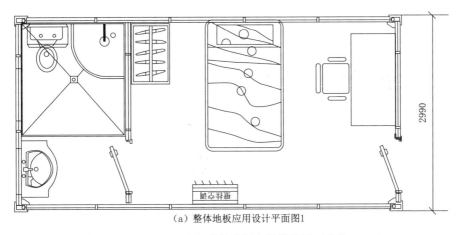

（a）整体地板应用设计平面图1

图 5-24（一）　卫生间整体地板应用设计图（单位：mm）

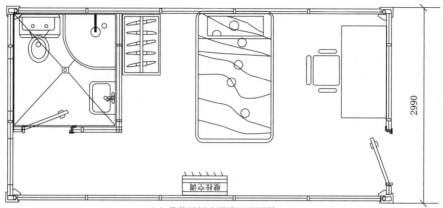

（b）整体地板应用设计平面图2

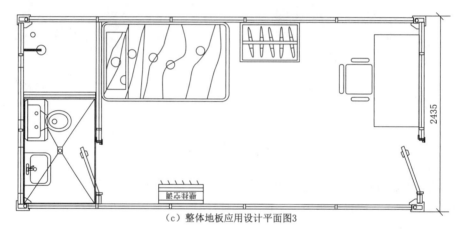

（c）整体地板应用设计平面图3

图 5-24（二） 卫生间整体地板应用设计图（单位：mm）

（a）整体地板应用

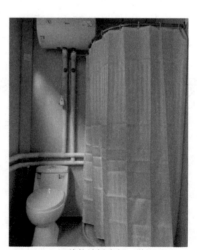

（b）整体地板坐便、淋浴区

图 5-25 项目实际应用图

第 6 章

打包与运输

6.1 打包设计

6.1.1 打包箱

　　打包箱盒子是集成打包箱式房屋用于运输的一种形式，以集成打包箱式房屋的箱底为存储空间的底、箱顶为存储空间的盖，用立柱为支撑，再配以围挡板形成封闭的存储空间，集成打包箱式房屋的其他构件材料如墙板、门窗、辅料等存放于存储空间内。具体组成如图 6-1 所示，打包作业过程如图 6-2 所示。

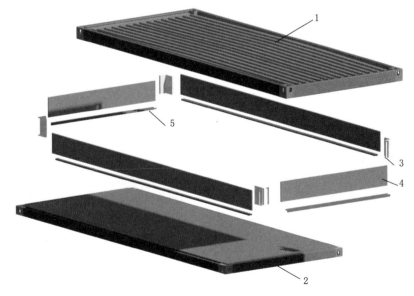

图 6-1　打包箱盒子组成示意图

1—打包箱的箱顶；2—打包的箱底；3—打包箱的打包柱；4—打包箱的挡板；5—打包箱的包装槽基

（a）打包作业第一步

（b）打包作业第二步

（c）打包作业第三步

（d）打包作业第四步

图 6-2　打包作业过程图

6.1.2　集运箱

集运箱是由多个打包箱盒子组合，并且符合汽运、海运要求的箱子。尺寸为 6058mm×2438mm×2591mm，如图 6-3 所示。比较常见的是 4 个或 3 个打包箱盒子组成一个集运箱，相邻的上下两个打包箱盒子要可靠连接，满足整体吊装要求，如图 6-4 所示。

图 6-3　集运箱

图 6-4　集运箱吊装

集运箱的储存、运输如图 6-5 所示，当进行海运时，应当按照中国船级社的要求将标识、箱号等粘贴在相应位置。

（a）产品认证参数表粘贴

（b）产品唛头粘贴

（c）产品认证参数表粘贴

图 6-5　集运箱标识粘贴图

6.2　安全要求

6.2.1　安全测试的原因

由于集运箱的便利性，可以直接用于汽车及集装箱船运输。尤其是当用于集装箱船运输时，根据相关检验规范和国际安全公约的要求，要有具有资质的第三方机构如中国船级社等对此种集运箱进行相关安全测试。

6.2.2　安全设计

集运箱相关的安全测试项目及要求见表 6-1。

表 6-1　　　　　　　　　　　　安全测试项目及要求

测试项目	示　意　图	试验要求	检验标准
外形尺寸/mm		检验记录箱体外形尺寸	长度公差（+0，－6）； 宽度公差（+0，－5）； 高度公差（+0，－5）

测试项目	示 意 图	试验要求	检验标准
堆码试验	942kN　942kN $1.8R-T$ $\left(942+\dfrac{1.8Rg}{4}\right)$kN　$\left(942+\dfrac{1.8Rg}{4}\right)$kN 942kN　　　　942kN $1.8R-T$ $\left(942+\dfrac{1.8Rg}{4}\right)$kN　$\left(942+\dfrac{1.8Rg}{4}\right)$kN	箱内均布载荷 $(1.8R-T)$ g（N）每件角柱加载 $1.8R$ $(n-1)$ $g/4$（N）	加载时、卸载后分别测量变形。角柱负载变形不大于 4mm，卸载后残余变形不大于 2mm；底侧梁负载变形（超出底角件下平面）不大于 6mm，卸载后残余变形不大于 3mm；底横梁负载变形（超出底角件下平面）不大于 6mm，卸载后残余变形不大于 3mm
吊顶试验	$\dfrac{Rg}{2}$　　$\dfrac{Rg}{2}$ $2R-T$ $\dfrac{Rg}{2}$　　　　$\dfrac{Rg}{2}$ $2R-T$	箱内底板均布载荷 $(2R-T)$ g（N）	底侧梁残余变形不大于 3mm
吊底试验	$\dfrac{Rg}{2\sin\alpha}$　　$\dfrac{Rg}{2\sin\alpha}$ $2R-T$ $\dfrac{Rg}{2\sin\alpha}$　$2R-T$　$\dfrac{Rg}{2\sin\alpha}$ α　　　　　　α	箱内底板均布载荷为 $(2R-T)$ g（N）	底侧梁残余变形不大于 3mm；底横梁残余变形不大于 3mm

测试项目	示 意 图	试验要求	检 验 标 准
栓固试验		箱内均布载荷 $(R-T)g$（N）。箱底每侧加载 Rg（N）	底侧梁残余变形不大于 3mm
纵向刚性试验		箱体侧壁每侧加载 15.24kN	负载时，其顶部变形（相对于垂直于底横梁底面的立面而言）不超过 25mm；卸载后，纵向残余变形≤7mm，箱体侧面对角线差≤13mm
		箱体端框每端加载 30.48kN	载荷作用时，对角线长度变化的绝对值总和不超过 60mm；卸载后，对角线长度变化的绝对值总和不超过 10mm

试验需要在有实验室资质的机构进行，试验过程如图 6-6 所示。

（a）安全试验1

（b）安全试验2

图 6-6（一） 安全试验细部图

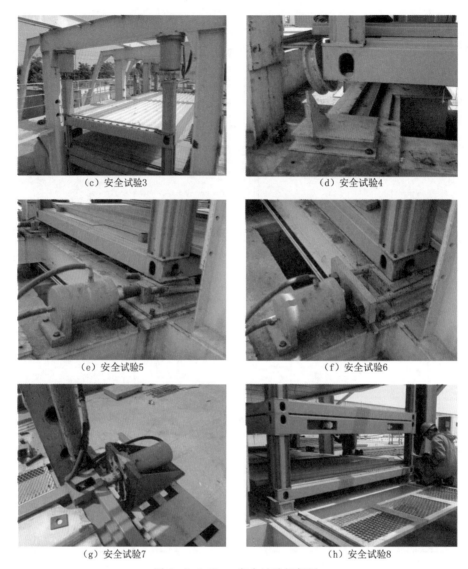

（c）安全试验3　　　　　　　　　（d）安全试验4

（e）安全试验5　　　　　　　　　（f）安全试验6

（g）安全试验7　　　　　　　　　（h）安全试验8

图 6-6（二）　安全试验细部图

6.3　其他要求

6.3.1　堆场要求

当集运箱采用集装箱船运输时，需要在港口的堆场存放集货。在起重时应注意采用顶部起吊的方式，严禁侧孔抓举和底部叉举。堆场起重设备作业如图 6-7 所示。

6.3.2　海运要求

由于集运箱竖向承载无法达到货运集装箱的标准，所以集运箱在堆码时必须置顶放置，当运输时确实需要将相同集运箱堆码的，集运箱最多堆码 2 层，如图 6-8 所示。

（a）集运箱抓举运输1

（b）集运箱抓举运输2

（c）集运箱抓举运输3

（d）集运箱抓举运输细部4

图6-7 集运箱抓举运输

图6-8 集运箱堆码

海运相关认证标识须按照中国船级社的要求贴在集运箱上，如图6-9所示。

（a）箱号及标识位置1

（b）箱号及标识位置2

图6-9（一） 海运相关认证标识

（c）产品认证参数表

（d）堆码标识

（e）中国船级社认证标识

图 6-9（二）　海运相关认证标识

第 7 章

现场安装

7.1 基础要求

打包箱式房屋所用基础按材料分为混凝土基础和钢制基础。混凝土基础又分为条形基础和独立基础，打包箱房屋自重较轻，在一般情况下基础中无需配筋，使用素混凝土制作即可，混凝土基础在工程中的应用如图 7-1 所示。钢制基础主要应用于混凝土材料匮乏或对场地环境保护要求严格的工程，钢制基础由预制构件组成，高度可调节，大大降低了地基的平整度要求，钢制基础在工程中的应用如图 7-2 所示。

（a）独立基础侧视图

（b）独立基础正视图

（c）独立基础单体图

（d）条形基础示意图

图 7-1（一） 混凝土基础

（e）基础布置图1

（f）基础布置图2

（g）基础布置图3

（h）基础布置图4

（i）箱体放置图1

（j）箱体放置图2

图 7 - 1（二） 混凝土基础

基础布置图如图 7 - 3、图 7 - 4 所示。

（a）钢制基础侧视图1

（b）钢制基础正视图

图 7 - 2（一） 钢制基础

（c）钢制基础侧视图2

（d）钢制基础整体图

图 7-2（二） 钢制基础

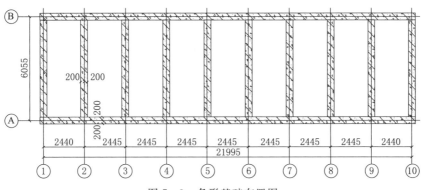

图 7-3 条形基础布置图

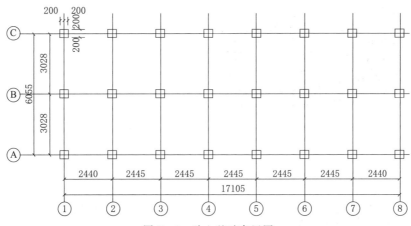

图 7-4 独立基础布置图

基础要求如下：

（1）混凝土基础型式只适用于实土地基，地耐力不应低于 $10t/m^2$，如场地为填松土，应进行地基处理，确保基础不下沉。

（2）混凝土标号为 C25，C15。

（3）基础上表面平整度公差应小于 $\pm5mm$。

（4）如遇冻土层，应开挖至冻土层以下。

基础剖面如图 7-5 所示。

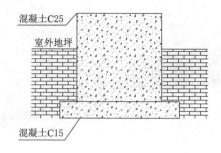

图 7-5　基础剖面图

7.2　安装准备

集运箱现场存放时应放置在平整的场地上，集运箱拆分包装的流程为：去掉打包带—自上而下去掉每层打包箱盒子之间连接的螺栓—分离出每个打包箱盒子—去掉打包箱盒子角柱螺栓—分离箱顶—取出打包箱盒子内的材料并分类放置，简要流程如图 7-6所示。

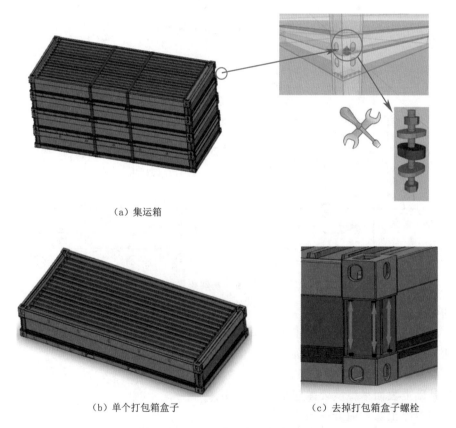

（a）集运箱

（b）单个打包箱盒子　　　　　　　　（c）去掉打包箱盒子螺栓

图 7-6（一）　集运箱的拆箱流程

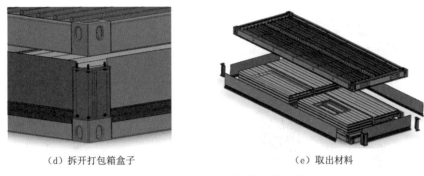

（d）拆开打包箱盒子　　　　　　　　　（e）取出材料

图 7-6（二）　集运箱的拆箱流程

7.3　安装流程

主要安装工艺流程为：箱底→立柱→箱顶→墙板，简要步骤如图 7-7 所示。

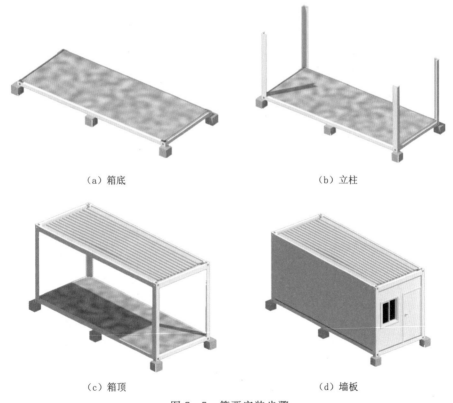

（a）箱底　　　　　　　　　　　　　　（b）立柱

（c）箱顶　　　　　　　　　　　　　　（d）墙板

图 7-7　简要安装步骤

安装注意事项如下：

（1）角柱与箱底和箱顶连接处为平面，无法进行打胶处理，因此应放置密封垫，密封垫厚度约 2mm，拧紧压实后可防止雨水进入螺栓孔，如图 7-8 所示。

（a）橡胶垫与侧封堵示意图　　　　　　（b）连栋垫块示意图

图 7 - 8　防水处理图

（2）打包箱式房屋安装后应对箱底角件外露的侧孔进行密封处理，由于箱底角件侧孔与保温层相通，应防止风沙进入，可采用橡胶封堵进行密封，如图 7 - 9 所示。

图 7 - 9　连栋密封措施

（3）墙板为子母口插接式安装，插接缝宽度不应超过 2mm，且均匀一致，防止插接不严造成密封问题，如图 7 - 10（a）所示为缝隙过大，图 7 - 10（b）所示为缝隙正常。

（a）缝隙过大　　　　　　　　　　　　（b）缝隙正常

图 7 - 10　墙板安装缝隙问题

7.4 连接处理

打包箱式房屋可以沿 *X* 轴、*Y* 轴、*Z* 轴方向进行连拼组合，连拼时的结构连接节点参见第 2 章结构设计部分，本节主要介绍连拼时拼接缝的处理。

室内拼接缝包括室内顶部拼缝、室内墙面拼缝、室内地板拼缝、箱顶屋面拼缝等，如图 7 - 11～图 7 - 15 所示。

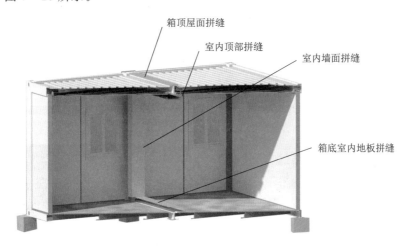

图 7 - 11　连栋拼缝处理

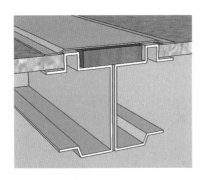

图 7 - 12　室内地板拼缝处理

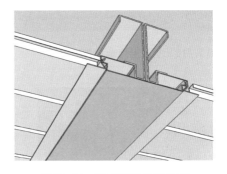

图 7 - 13　室内顶部拼缝处理

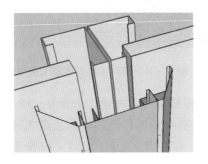

图 7 - 14　室内墙面拼缝处理

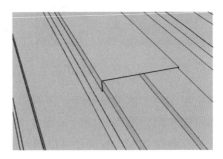

图 7 - 15　箱顶屋面拼缝处理

　　上述拼缝节点在实际工程的应用中可灵活调整，但应与室内材料及颜色相协调，图 7-16～图 7-21 中列举了一些在实际工程中的应用示例。

图 7-16　室内地板拼缝和墙面拼缝应用

图 7-17　墙面拼缝和室内顶部拼缝应用

图 7-18　室内走廊地板拼缝应用

图 7-19　室内大开间拼缝应用 1

图 7-20　室内大开间拼缝应用 2

图 7-21　室内地板整体铺装应用

　　在实际应用中除上述拼缝处理，还有以下处理措施可以考虑。如图 7-22、图 7-23 所示外墙面拼缝和箱顶屋面的拼缝采用 T 形橡胶密封条进行处理，防止雨水和风沙进入室内；图 7-15 和图 7-23 的设计可以同时应用，在工序上先进行图 7-23 所示的 T 形橡胶密封条处理，再进行图 7-15 所示的压型板处理。

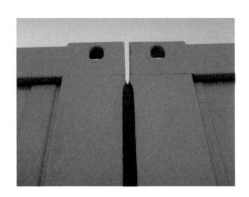
图 7 - 22 外墙面拼缝处理

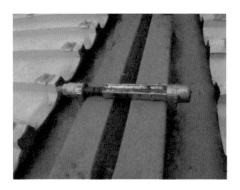
图 7 - 23 箱顶屋面拼缝处理

第 8 章

功能设计与应用

8.1 功能模块

打包箱式房屋按功能分为通用箱和特定功能箱。通用箱为建筑中常用的功能单元，如办公模块箱、宿舍模块箱、走廊模块箱等；特定功能箱为建筑中配套的功能单元，如卫生间模块箱、楼梯间模块箱等。宿舍模块箱包括单人宿舍箱、单人带卫浴箱、双人宿舍箱、双人带卫浴箱等；办公模块箱包括单人办公模块箱、多人办公模块箱、会议室模块箱。

以 6024 型（6055mm×2435mm）为例，通用箱的平面布置样例如图 8-1～图 8-7 所示，特定功能箱的平面布置样例如图 8-8～图 8-13 所示。

图 8-14～图 8-30 所示为通用箱和特定功能箱在工程建设领域的实际应用展示。

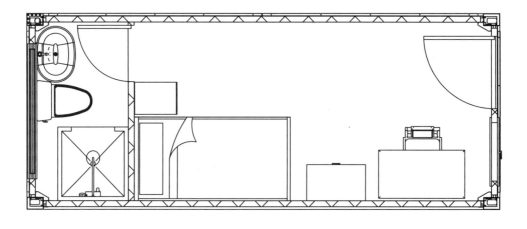

图 8-1　单人宿舍带卫浴箱

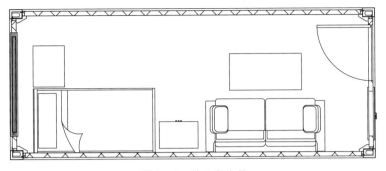

图 8-2　单人宿舍箱

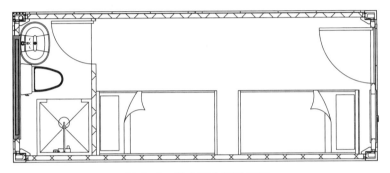

图 8-3　双人宿舍带卫浴箱

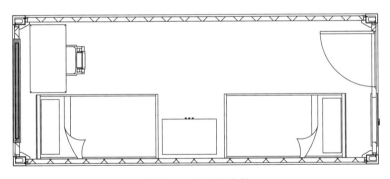

图 8-4　双人宿舍箱

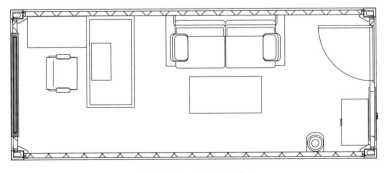

图 8-5　单人办公箱

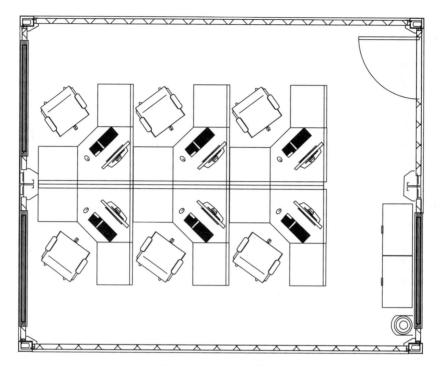

图 8-6 多人办公模块

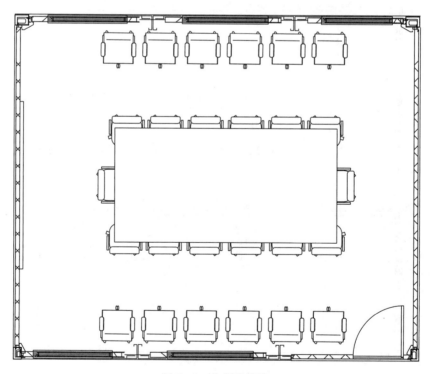

图 8-7 会议室模块

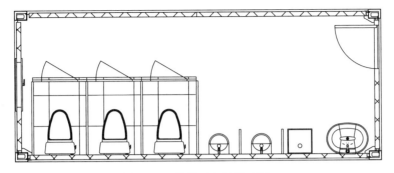

图 8-8 公共卫生间箱（男）

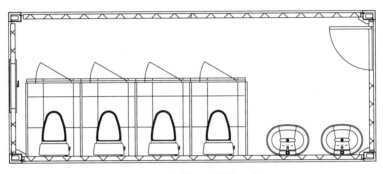

图 8-9 公共卫生间箱（女）

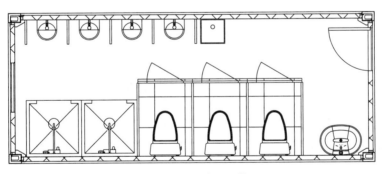

图 8-10 公共卫浴箱

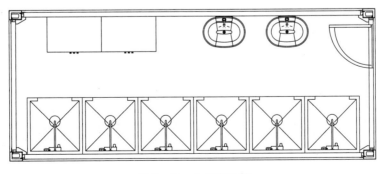

图 8-11 公共淋浴箱

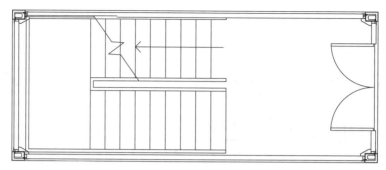

图 8 - 12　楼梯间箱

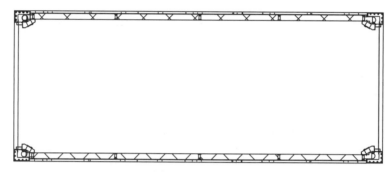

图 8 - 13　走廊箱

图 8 - 14　单人小办公室

图 8 - 15　单人大办公室

图 8 - 16　会议室 1

图 8 - 17　会议室 2

图 8-18　休闲区

图 8-19　开放式办公区

图 8-20　现场办公区

图 8-21　现场更衣室

图 8-22　内走廊 1

图 8-23　内走廊 2

图 8-24　内走廊 3

图 8-25　楼梯间 1

图 8-26　楼梯间 2

图 8-27 外走廊 图 8-28 封闭式外走廊

图 8-29 盥洗室 图 8-30 洗澡室

8.2 配套设计

有一些功能在建筑中也经常用到，与打包箱式房屋模块配套使用，以满足建筑的设计和使用要求，如图 8-31～图 8-36 所示。

图 8-31 内置楼梯 图 8-32 外置楼梯

图 8-33　单跑楼梯

图 8-34　外走廊

图 8-35　外走廊雨棚

图 8-36　小卫生间

8.3　模块建筑

通用箱和特定功能箱可以组成多种功能的建筑，在工程建设施工现场临时性建筑的设计方面比较适合做模块建筑的是办公类建筑及宿舍类建筑。如图 8-37 所示为办公模块、

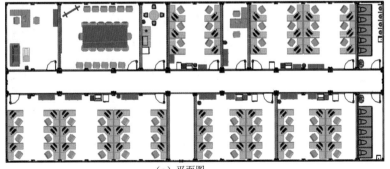

（a）平面图

图 8-37（一）　办公建筑

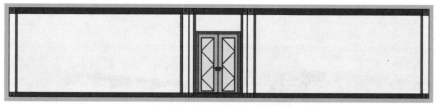

（b）侧立面图

（c）正立面图

（d）后立面图

图 8-37（二）　办公建筑

卫生间模块以及走廊模块组成的内廊式办公建筑，开间的大小一般按 $n \times 2435$ 或 2990（n 为打包箱式房屋的宽度）；如图 8-38 所示为宿舍模块、卫生间模块以及走廊模块组成的外廊式宿舍建筑。

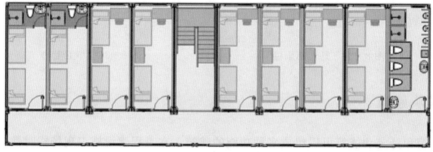

（a）一层平面图

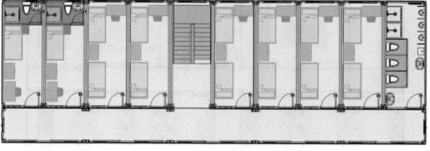

（b）二层平面图

图 8-38（一）　宿舍建筑

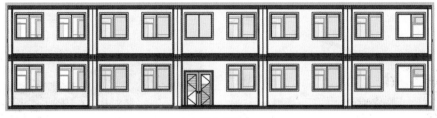

（c）正立面图

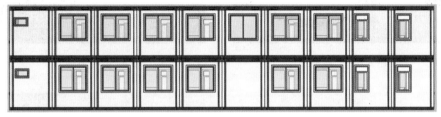

（d）后立面图

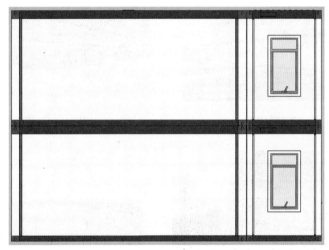

（e）侧立面图

图 8-38（二）　宿舍建筑

图 8-39～图 8-49 所示为工程建设中用打包箱式房屋建造的模块建筑部分应用实例。

图 8-39　案例一

图 8-40　案例二

图 8-41　案例三

图 8-42　案例四

图 8-43　案例五

图 8-44　案例六

图 8-45　案例七

图 8-46　案例八

图 8-47　案例九

图 8-48　案例十

图 8-49　案例十一

8.4　其他应用

在建设工程领域之外的其他方面打包箱式房屋通过特殊设计也有较多的应用，如需要快速搭建的展厅、商业活动、体育赛事、学校等，如图 8-50～图 8-55 所示。

图 8-50　体育赛事

图 8-51　学校

图 8-52　教室 1

图 8-53　教室 2

图 8-54　商业办公 1

图 8-55　商业办公 2

参 考 文 献

［1］ 中华人民共和国建设部，中华人民共和国国家质量监督检验检疫总局. 冷弯薄壁型钢结构技术标准：GB 50018—2002［S］. 北京：中国计划出版社，2002.

［2］ 张鹏飞，张锡治，刘佳迪，等. 多层钢结构模块与钢框架复合建筑结构设计与分析［J］. 建筑结构，2016，10（10）：95－100.

［3］ 中华人民共和国建设部，中华人民共和国国家质量监督检验检疫总局. 钢结构设计标准：GB 50017—2017［S］. 北京：中国建筑工业出版社，2017.

［4］ 中华人民共和国住房和城乡建设部，中国建筑科学研究院. 民用建筑热工设计规范：GB 50176—2016［S］. 北京：中国建筑工业出版社，2016.

［5］ 中华人民共和国国家质量监督检验检疫总局，中国国家标准化管理委员会. 建筑用金属面绝热夹芯板：GB/T 23932—2009［S］. 北京：中国标准出版社，2009.

［6］ 环境保护部，中华人民共和国国家质量监督检验检疫总局. 声环境质量标准：GB 3096—2008［S］. 北京：中国环境科学出版社，2008.

［7］ 中国建筑科学研究院. 建筑照明设计标准：GB 50034—2004［S］. 北京：中国建筑工业出版社，2004.

［8］ 中国建筑标准设计研究院. 建筑电气制图标准：GB 50786—2012［S］. 北京：中国计划出版社，2012.

［9］ 中国机械工业联合会. 供配电系统设计规范：GB 50052—2009［S］. 北京：中国计划出版社，2010.

［10］ 中国航空工业规划设计研究院. 工业与民用配电设计手册：JGJ 16—2008［S］. 北京：中国电力出版社，2005.